図解 古代兵器

F FILES No.035

水野大樹 著

新紀元社

はじめに

人類は原始時代の昔から、自然界にある石や骨や木など、あらゆるものを加工して、さまざまな道具を作り出してきました。それは、狩猟や漁労など、食べるために使われていました。

そして、食べ物がなくなれば次の土地へ移り、移住を繰り返していきましたが、やがて農業や牧畜といった習慣を身につけると、ひとつの場所に定住するようになりました。村や町が増え、人口も増加し、ついに人類は集団同士で抗争するようになり、戦争が勃発したのです。

中国の春秋時代の史料として知られる『春秋左氏伝』に、「国の大事は、祭祀と軍事である」という言葉があります。これは古代世界において、洋の東西を問わない真理といえます。国家同士の戦争に勝利するだけの軍事力が国家には必要となり、軍事力の弱い国はことごとく衰退していきました。

そして、軍事力を高めるために必要となり、開発されたのが、さまざまな古代兵器でした。

遠くの敵を倒すために発明された投石器や弩などの投擲兵器、城にこもった敵に対するための数々の攻城兵器、野戦を有利にするための各国の戦車、海上で戦うためのガレー船やコルヴスなどの海上兵器……、人類は知恵を絞って数々の兵器を発明してきました。

本書では、投石紐などの小型兵器から、カタパルトやバリスタといった大型兵器のほか、障害物として設置した兵器や、動物や自然物を使った兵器まで、さまざまな古代兵器を取り上げました。また、第4章では古代兵器に関する雑学とともに、日本の古代兵器と伝説の兵器もいくつか紹介しました。そして、それらがどういう歴史背景のもとに作られ、どのように使われたかを解説しました。右ページのイラストを使った図解とともに、お楽しみいただければ幸いです。

著者識

目次

目次

第1章
古代兵器とは？

No.001

なぜ兵器が誕生したのか

農耕社会となって都市が発達したことで、人類には土地の奪い合いという火種が生じることになった。こうした人類同士の争いの発展が、ついには兵器を生み出したのである。

●人類同士の争いが兵器を生んだ

人類が誕生し、狩猟によって生活を営んでいた頃、野生の動物を狩るために、人類は**槍《やり》や刀など携行できる単純な武器を発明**した。彼らは、それらの武器を使って、組織的に大型の獣を追いつめて狩る方法を考え出した。

その後、農耕社会になると、安定的な食料確保が可能となり、それにともない人口も激増した。人々が定住することによって集落ができ、都市が誕生し、国が生まれた。そして、土地の奪い合いといった大規模な争いが増えていった。

こうした人類同士の争いが、兵器の誕生につながった。フランスでは、紀元前1万2000年頃（旧石器時代後期）の遺跡から、槍投げ器が見つかっている。これは、先端が鉤《かぎ》状になっている棒で、その鉤に槍を引っ掛けて遠くへ飛ばすための兵器である。槍投げ器はその後、東南アジアから北米大陸、オーストラリア大陸まで伝播《でんぱ》しており、それが人類にとって画期的な兵器であったことがわかる。

そして、**中石器時代になって「弓」という革命的な兵器が現れる**のである。

一般的には、兵器は戦争で使われる装置や設備のことをいい、武器は個人が携帯して狩猟や個人同士の争いに用いる道具や器具をさす。兵器の代表格が戦車や投石器、武器の代表格は剣や斧といえる。

兵器の誕生により、人類の戦闘能力は飛躍的に向上し、国同士の戦いも激しくなった。そして戦争に勝つために人類は兵器の改良・開発に血道《ちみち》をあげるようになる。人類が戦いを始めなければ兵器は生まれなかったのかもしれない。

兵器誕生の歩み

農耕社会のはじまり

1 安定的な食料の確保が可能になった

2 定住するようになり、集落が作られるようになった

↓

! 都市が生まれ、土地の奪い合いなど、大規模な争いが増えるようになった

↓

兵器の誕生！

武器と兵器の違い

武器と兵器の違いは使用目的で、剣でも個人の戦いなら武器、戦争で使われれば兵器となる。

武器

個人が携帯して、狩猟や個人同士の争いに用いられる道具や器具のことをいう

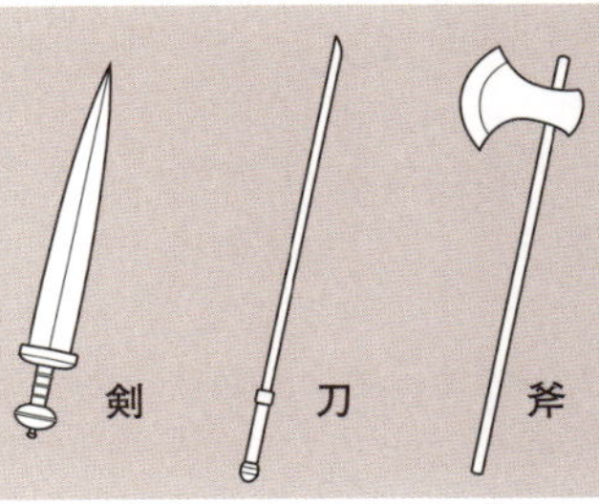

兵器

戦争で使われる装置や設備のことをいう

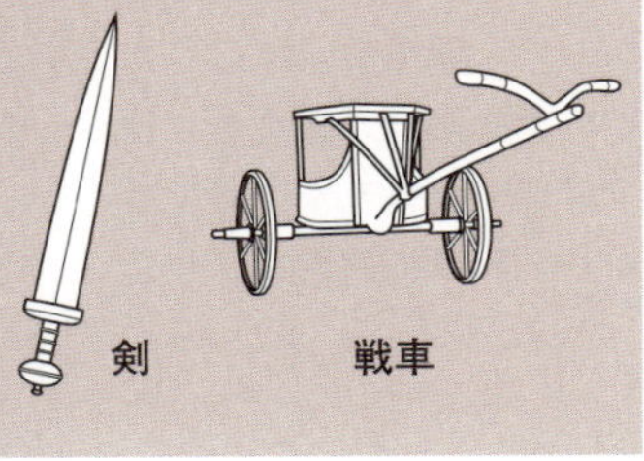

関連項目

●中石器時代の兵器革命とは→No.002
●兵器に革命をもたらしたアッシリア→No.006

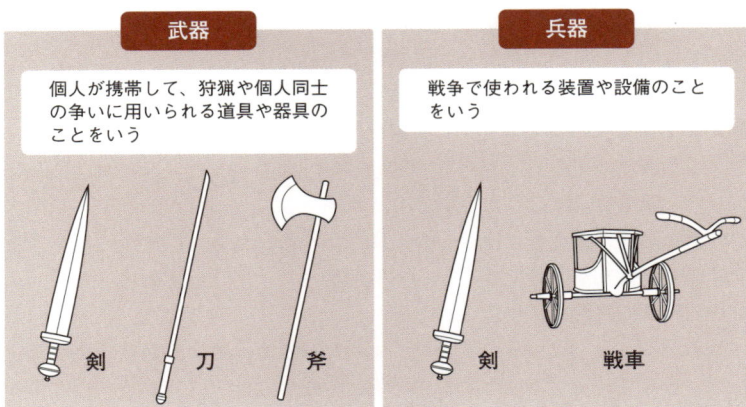

No.002

中石器時代の兵器革命とは

人類史上には、「兵器革命」と呼ばれる転換期が５回あった。その転換期のいちばん初めが、中石器時代におとずれる。それは、弓と投石器という兵器の発明である。

●歴史上５度あった「兵器革命」

人類の歴史上、兵器革命といえる転換期が5度あった。20世紀の**原子爆《げんしばく》弾《だん》の発明**と**軍用飛行機の実用化**、11世紀の**火薬《かやく》の発明**（時期については諸説ある）、紀元前3000年代から前2000年代にかけての**車輪と戦車《せんしゃ》の発明**がそれであり、最初の兵器革命が、中石器《ちゅうせっき》時代の**弓《ゆみ》と投石器《とうせきき》の発明**である。

弓がいつ、どこで発明されたのかはわからない。しかし、フランスやスペインの旧石器時代の遺跡の壁画に弓を描いたものはないことから、前1万2000年から前8000年頃の中石器時代ではなかったかと考えられている。

人類は、それまでに植物製の弾力を使った罠《わな》を発明していた。そして、その弾力を転用して、弓が発明されたといわれる。矢じりには石が使われた。弓の発明は、戦闘の様相を一変させるのに十分であった。射撃能力は飛躍的に向上し、相手から見えない場所からの攻撃が可能になったからである。また、集団で射撃することによって致命的な打撃を与えることができるようになり、このことが指揮と組織を生み出し、軍隊の発生につながった。

弓の起源は、おそらく狩猟用であったが、同時期くらいに発明された投石器は、戦争を目的にしたものであった。

詳細は次項に譲るが、中石器時代に作られた投石器は、大型の攻城《こうじょう》兵器ではなく、個人が携帯できるくらいの大きさで、単純に石を遠方へ飛ばすための**紐《ひも》状の兵器**であった。

とにかく、弓と投石器の発明が、人類に組織的、戦術的な戦争を可能にした。そして、現代にいたるまで場所と時間を選ばずに、戦争に明け暮れたのである。

5度の兵器革命

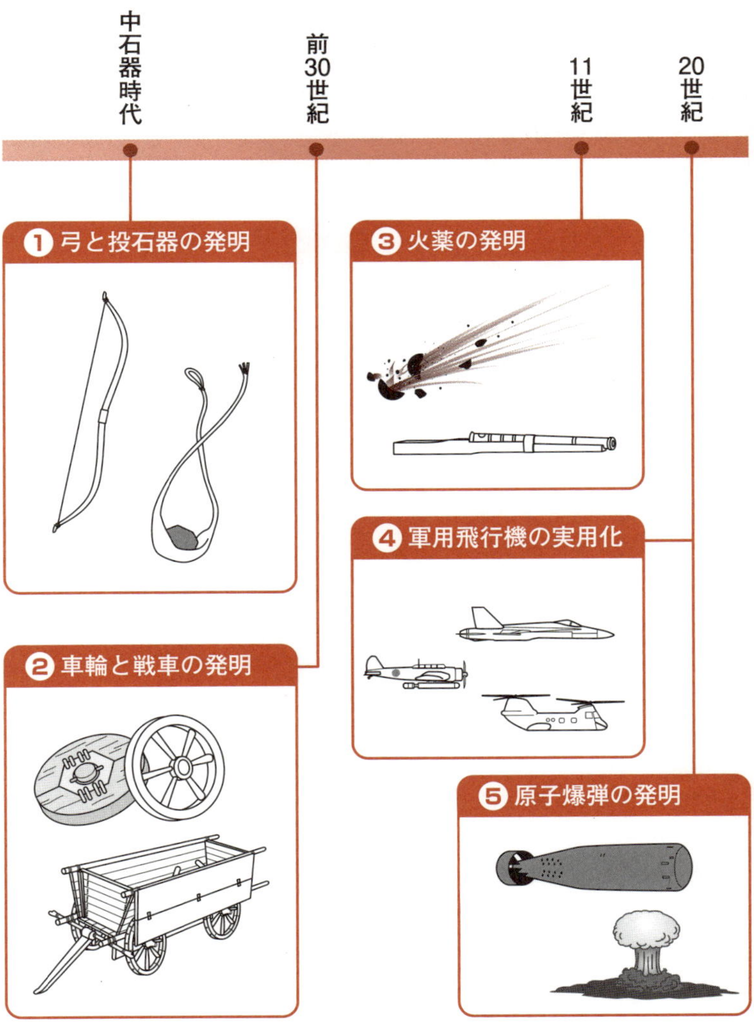
中石器時代
前30世紀
11世紀
20世紀
❶弓と投石器の発明
❷車輪と戦車の発明
❸火薬の発明
❹軍用飛行機の実用化
❺原子爆弾の発明

関連項目

●原始的投石器の登場→No.003　●人類が初めて発明した兵器・スリング→No.012
●戦車の起源　バトル・カー→No.005

No.003

原始的投石器の登場

1万年以上も前に発明された原始的な兵器が、投石器である。当初の投石器は紐状のもので、それを大きく振り回して遠心力を利用することで、弾丸を発射させせた。

●紀元前1万年前から使われていた投石器

紀元前1万年頃の**中石器時代のどこかで投石器は発明**され、一気に各地に普及した。当時の投石器は、一本の紐の一端に輪を作り、その輪に指を差し込んで固定した。中央部分には、石を入れる小袋を設置し、頭上で大きく振り回すことで遠心力を使って石を放り投げた。

投石器のメリットは、なんといっても弾丸の補充が簡単なことである。投石器さえ携帯しておけば、現地で拾った石を弾丸にして攻撃することができた。

新石器時代以降になると、同時期に発明されたとされる弓よりも射程距離が長く、殺傷能力にも長けていた投石器は、世界各地に広まっていった。新石器時代の小アジアでは、弓が使われていた痕跡はないが、粘土を焼いた投石器用の弾丸がいくつも出土している。

投石器はずいぶん長い間愛用され、4世紀に書かれた『軍事論《ぐんじろん》』(古代ローマの軍事史家ウェゲティウスによる軍事書)には、**古代ローマ帝国に投石隊が組織**されていたことが記されている。彼らは高度な訓練を受け、縦隊の陣形から間断なく弾丸を発射することができたという。

また、68年、古代ローマ帝国の司令官ウェスパシアヌス(のちに皇帝に即位)がヨタパタを攻囲したときには、350個の投石器が投入され、同じく司令官のティトウスがエルサレムを襲撃したときには700もの投石器が使用された。

しかし、投石器は振り回すという所作が必要なため、密集した横隊の陣形では使えなかった。そのため、時代を経るにしたがって陣形が複雑化すると、弓兵や弩兵《どへい》に取って代わられることになる。

投石器のメリットとデメリット

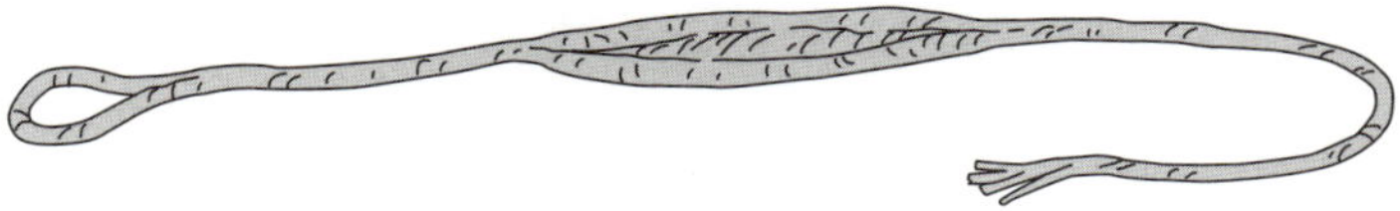

▲ 発明当時の投石器

メリット	デメリット
・弾丸の補充が簡単	・密集した横隊の陣形では使えない
・弓よりも射程距離が長い	・陣形が複雑化すると役目を終えた
・弓よりも殺傷能力が高い	

投石器の使い方

中石器時代に発明された投石器は、使いやすさと攻撃力の高さから、一気に各地へ広まっていった。

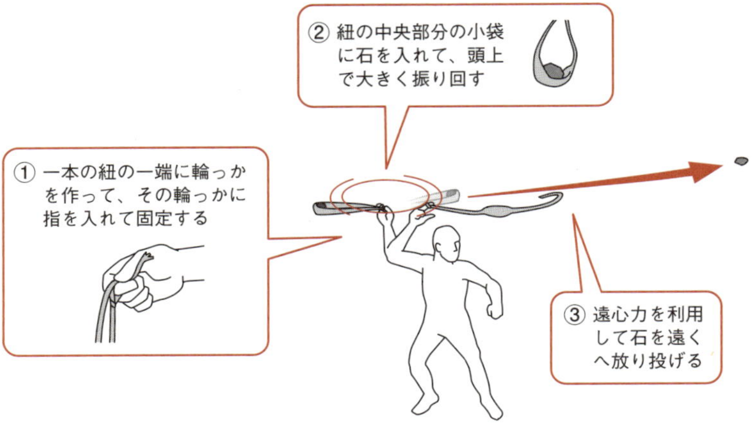
② 紐の中央部分の小袋に石を入れて、頭上で大きく振り回す
① 一本の紐の一端に輪っかを作って、その輪っかに指を入れて固定する
③ 遠心力を利用して石を遠くへ放り投げる

関連項目

●中石器時代の兵器革命とは→No.002
●人類が初めて発明した兵器・スリング→No.012

No.004

古代兵器を防ぐための要塞の発展

弓や投石器といった兵器の発明は、防御側にも変革をもたらした。防御側がまず考えだしたのが、集落や都市を木や石で囲んで守りを固めることである。そして「要塞」が出現した。

●エリコの城壁とチャタル・ヒュユクの要塞

弓や投石器といった遠隔攻撃が可能な兵器が生み出されると、防御側にも変化が起こった。強力な兵器攻撃を防ぐために、集落や都市のまわりを木や石で覆ったのである。**木や石の囲みは、やがて城壁《じょうへき》というより強固な囲みとなり、要塞《ようさい》の発展へとつながった。**

最古の要塞といわれているのが、死海《しかい》の北方、現在のイスラエルにあるエリコという小都市である。エリコは新石器時代（紀元前8000年頃）の小都市で、世界で初めて都市の周囲に城壁を築いた。**エリコの城壁**は高さが約4メートル、厚さは約3メートルあり、全長700メートルほどであったといわれる。そのほか、高さ約8.5メートルの塔が建てられ、投擲兵器から身を守るための堡塁《ほうるい》も備えていた。

また、紀元前7100年〜前6300年頃に現在のトルコの南東に興ったチャタル・ヒュユクでは、城壁はないものの防備を固めた集落が存在していた。**チャタル・ヒュユクの要塞**は、互いの家を連結し、窓のない共通の壁を作ることで、外部からの侵入や攻撃に備えていた。それぞれの家の屋根には穴が開いており、住民たちは家屋内のはしごを使って行き来した。家を密集させることで、外敵から互いを守ったわけだ。

紀元前3000年頃になると、メソポタミア地方で大都市要塞が現れた。ウルという都市である。**ウルの城壁**は、場所によってはその厚さが30メートル以上あり、さらに城内には塔や露台《ろだい》も作られ、計画的に要塞を築き上げたことがわかる。

当時は、城壁や城門を破るだけの威力をもった兵器はなく、兵糧《ひょうろう》攻めや城内の人間の内応に頼るくらいしか攻める方法はなかった。そして、これらの要塞を突破するために、攻城兵器が開発されていくのである。

要塞が発展した理由

1. 遠隔攻撃ができる兵器の誕生
2. 強力な兵器攻撃を防ぐ必要性

↓

木や石の囲みが登場

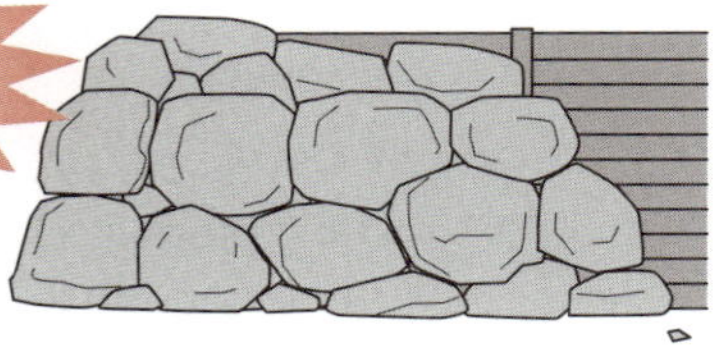

↓

城壁・要塞へ発展

古代に実在した城塞

	エリコの城壁	チャタル・ヒュユクの要塞
年代	紀元前8000年頃	紀元前7100年～前6300年頃
場所	エリコ（現在のイスラエル）	チャタル・ヒュユク（現在のトルコ）
特徴	全長700メートルほどもあった世界最古の要塞。高さ約4メートル、厚さは約3メートルあったとされる。	防備を固めた集落の集合で、城壁はなかった。互いの家屋を連結し、窓のない共通の壁を作って、外部からの攻撃に備えていた。

関連項目

●攻囲戦と攻城兵器の発達→No.009　●鉄壁の要塞・エウリュアロスとマサダ→No.049
●城門の外に置かれた小規模な砦─関城と馬面→No.083

No.005

戦車の起源　バトル・カー

弓と投石器の発明に次ぐ兵器史上の転換点となったのが、戦車の発明である。紀元前3000年頃にメソポタミアに現れたシュメール人が発明したとされる戦車は、やがて戦場の花形となるほどの威力を示した。

●シュメールで発明された最初の戦車

No.002で述べたが、古代兵器史上、弓と投石器の発明に次ぐ革命的な出来事となったのが、**戦車の発明**である。

新石器時代後期から青銅《せいどう》器《き》時代にかけてのどこかの時期に、**エジプトで車輪が発明**された。初期の車輪にスポーク（輻《や》）はなく、大きな木を丸く加工しただけのもので、非常に重いものだった。そのうえ4輪車だったため機動力に欠け、スピードは出ないし急な方向転換も難しかったので、戦場では使われず、もっぱら荷車として使用されていた。

これを戦車として戦場に投入したのは、紀元前2000年代にメソポタミアに現れたシュメール人だったとされる。彼らの戦車は、**バトル・カーと呼ばれる4輪車**で、車体の前面が高くなっている幅広のものであった。

バトル・カーには、御者《ぎょしゃ》（運転手）と兵士が乗り込んだ。兵士は車体の側面に備えつけられていた槍入れから槍を取り出し、敵めがけて投げつけて攻撃した。現在発見されている絵には、弓をもった兵士は乗っていないが、おそらく弓で攻撃することもあったのではなかろうか。

また、楯をもった兵士が2人、攻撃兵を守るために同乗することもあったという。

動力は4頭のロバだ。当時、メソポタミアには馬がいなかったのである。

ウンマというシュメールの都市は、戦車60両を所有し、戦車隊が組織されていたといわれているので、シュメールにとって戦車は重要な兵器として位置づけられていたようだ。

その後、戦車はエジプトから小アジア、ヨーロッパ、アジアへと伝わり、より軽量化され、古代兵器としての存在感を高め、やがて戦場の花形となっていくのである。

古代の車輪

車輪が発明されたのは、新石器時代後期～青銅器時代のエジプト。発明当初の車輪は木製で、大きな木を丸く加工しただけでスポークはなく、非常に重かった。

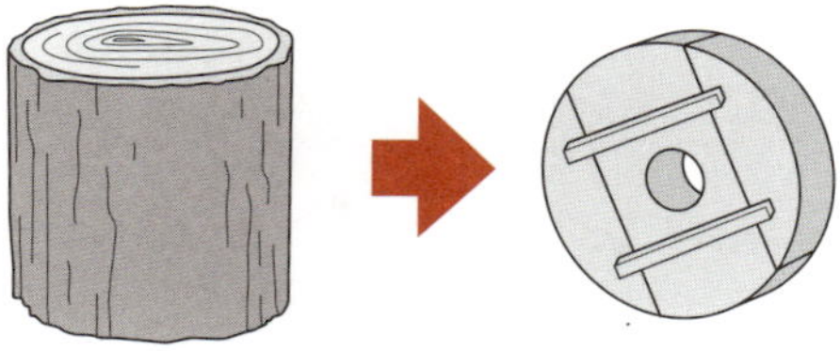

シュメールの戦車「バトル・カー」

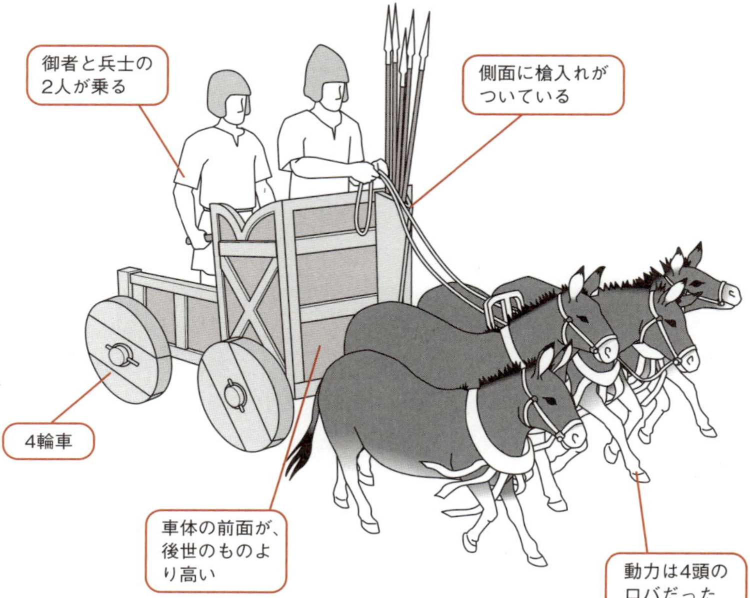
御者と兵士の2人が乗る
側面に槍入れがついている
4輪車
車体の前面が、後世のものより高い
動力は4頭のロバだった

関連項目

●スピードを重視した古代エジプトの戦車→No.022
●3000年前から使われていたアッシリアの戦車→No.023

No.006

兵器に革命をもたらしたアッシリア

前7世紀に古代近東世界に一大帝国を築いたアッシリアは、鉄という新たな素材を使うことで強国にのし上がった。アッシリアは、いちはやく鉄を兵器に取り入れることで革命をもたらしたのである。

●投石兵器と攻城兵器を発達させたアッシリア帝国

紀元前11世紀頃にメソポタミア地方で栄えたバビロニアの衰退後、メソポタミアは小国家同士の争いとなったが、紀元前900年頃になってアッシリアが強国として名乗りを上げた。アッシリアは、前7世紀には古代近東世界のほとんどを版図《はんと》とする一大帝国を作り上げた。

アッシリアの原動力となったのは鉄だった。前1200年頃から鉄器時代がはじまっており、すでに鉄は存在していた。アッシリアを強国ならしめたのは、彼らが灼熱した鉄と炭素を化合する方法を編み出したことにある。この新しい製鉄技術により、鉄は鋼《はがね》のように硬くなり、兵器はこれまで以上の威力をもつようになったのである。

こうしてアッシリアで開発された鉄は銅よりも軽く、錫《すず》という貴重な資源を使わなければならなかった青銅に比べればはるかに量産できたため、またたくまに各地に広まっていった。いちはやく新しい鉄を武器や兵器に取り入れたアッシリアは他国を圧倒したが、武器・兵器の発達は、それまでより緻密《ちみつ》な組織的、戦略的な戦闘を可能にした。**槍兵隊、弓兵隊、投石兵隊、突撃隊、戦車隊といった部隊が創設**され、戦場ではこれらの部隊が整然と並べられた。世界で初めて組織的な軍隊を作ったのである。

古代兵器史上、アッシリアが果たしたもうひとつの役割が、**攻城兵器の開発**だ。強力なアッシリア軍に歯が立たなくなった他国軍が城内にたてこもることになったため、アッシリアは攻城兵器を改良・開発したのである。

アッシリアでは当初、城門を破壊するのに先端を鉄で覆った、大きめの槍を使っていた。攻城戦が多くなるにつれ、アッシリアはその鉄槍を改良して巨大化させ、破城槌《はじょうつい》を使いはじめた。こうしたアッシリアにおける兵器の発達は、後代から見るとまさに革命的な出来事であった。

アッシリアの勢力範囲

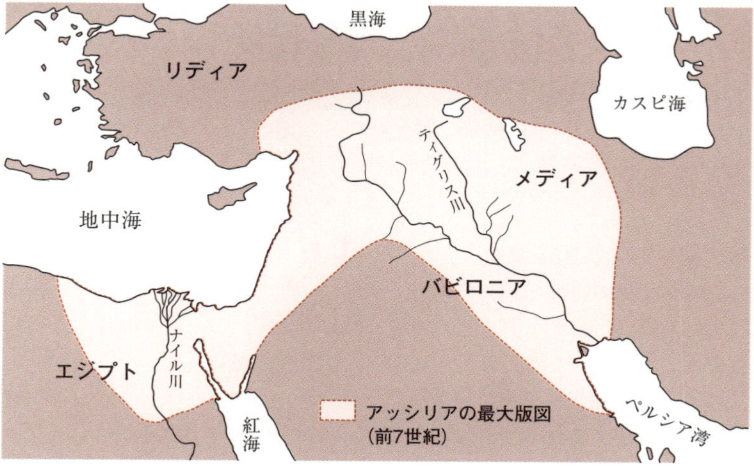

アッシリアが果たした役割

1

組織的な軍隊の創設

鉄を取り入れたことで武器・兵器が発達したアッシリアでは、槍兵隊、弓兵隊、投石兵隊、突撃隊、戦車隊といった部隊が創設され、組織的に戦闘を行うようになった。

2

攻城兵器の発達

武力で他国を圧倒したアッシリアに対し、他国軍はアッシリアに対抗するために城内にたてこもることが多くなり、そのためアッシリアでは攻城兵器が発達していった。

関連項目

●アッシリアはどう軍馬を補給していたか→No.007
●城壁を破壊する破城槌の威力→No.041
●攻囲戦と攻城兵器の発達→No.009
●攻城塔と破城槌の活躍→No.043

No.007

アッシリアはどう軍馬を補給していたか

戦車の急増とともに、馬の必要数も爆発的に増加した。メソポタミアに一大帝国を築いた大国アッシリアは、いったいどのように馬を調達していたのだろうか。

●大変だった軍馬の補給

戦車が戦場の花形として脚光を浴びると、その数は爆発的に増えた。それにともない、戦車を引くための馬の数も増えていった。それに、馬は戦車用としてだけでなく、騎兵部隊用としても必要であった。

ひとくちに馬が増えたというが、メソポタミアやエジプトなど古代史を彩る地域では、馬は農耕馬として普及したわけではなく、また彼らは馬に乗る遊牧民でもなかった。そのため、馬を調達することは容易ではなかったと考えられる。そこで、ここでは、メソポタミアに一大帝国を築き上げたアッシリアが、どのように軍馬を調達していたかを見ていく。

戦車隊と騎馬隊を含む軍隊を創設したアッシリアにとって、戦争を遂行するためにも馬は必要不可欠な存在だった。そのため、**アッシリアでは、ムサルキシュスという国王直属の馬の調達係を置き**、アッシリア統治下の各州に彼らを2人ずつ派遣した。彼らは書記と助手を数名連れて、馬を探し集めるためだけに、派遣された地方の村という村をわたり歩いた。そして、調達した馬について国王に逐一報告し、どこに分配すべきかの指示をあおいでいたという。

また、これとは別に、国王軍の戦車隊は、冬になると村々を回って自ら馬を調達していた。

国王のもとには、多いときで1日に100頭ほどの馬が集まることもあり、集めた馬をどのように分配するかを決める官僚もいた。

馬は、集めるだけではダメで、軍馬として調教しなければならない。集められた馬はすぐに調教が開始され、2歳になったら戦車を引けるようになり、8歳くらいまで戦車馬として過ごした。調教を受けた馬は、1日で50～60キロを走破し、戦車を引いて2キロの道を全力疾走できたという。

課題となった馬の調達力

戦車の増加

戦車が戦場の花形として脚光を浴びたため、その数が急増した

＋

戦車の動力

戦車の急増とともに、戦車を引くための馬の数も増えた

▼

馬の需要が増え、馬の調達力が重要課題になる

アッシリアの馬の調達制度

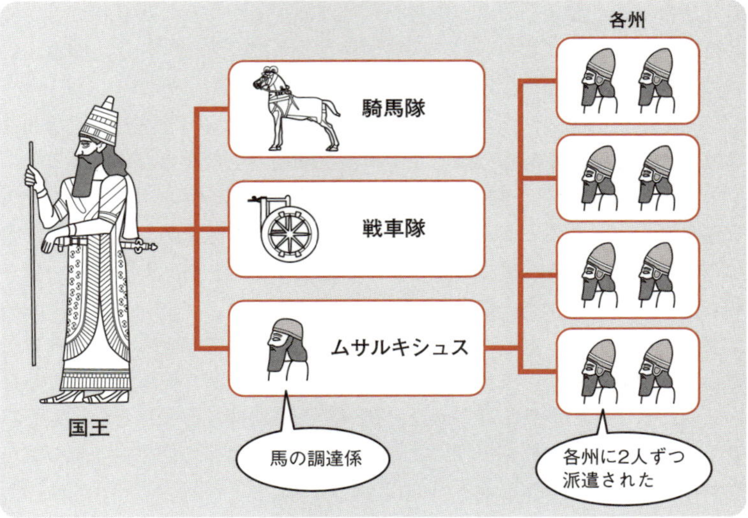
国王
騎馬隊
戦車隊
ムサルキシュス
馬の調達係
各州
各州に2人ずつ派遣された

関連項目

●戦車の起源　バトル・カー→No.005
●兵器に革命をもたらしたアッシリア→No.006

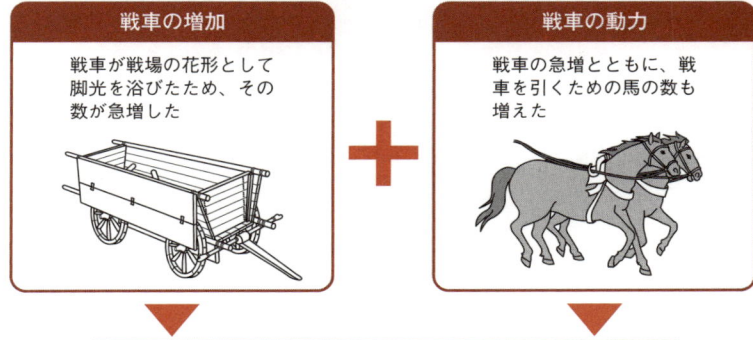

No.008

戦車部隊から騎兵部隊へ

戦場の花形として大いに活躍した戦車は、やがて騎兵部隊へと取って代わられる運命をたどるが、なぜ戦車部隊から騎兵部隊という流れができたのだろうか。

●戦車部隊よりも優位だった騎兵部隊

シュメール、バビロニア、アッカド、エジプト、アッシリアなど、メソポタミア方面に興った古代王国のほとんどは、主力兵器として戦車を使用していた。一方で、アッシリアなどには、それとともに弓や槍を装備した騎兵部隊も存在した。

戦車部隊と騎兵部隊を比べると、**兵器としての優位性は圧倒的に騎兵部隊に分がある。**まず、騎兵のほうが戦車よりも行動範囲が広い。戦車が入り込めないような地形でも、騎兵なら問題なかった。次に機動性でも、騎兵は戦車をはるかにしのいだ。人馬一体となって攻撃できれば、戦車の数倍のスピードで戦場を駆け巡ることができた。

騎兵の優位は明らかだが、メソポタミアやヨーロッパでは長らく騎兵部隊は、あくまで戦車部隊の添え物であり、戦場の主役とはならなかった。

第一の理由として、当時は鞍《くら》や鐙《あぶみ》といった、**乗馬を効率よくできるような道具がなかった**ことがある。馬上で武器を携えて馬を御するには、脚力に頼るほかなく、馬の胴体をしっかり挟み込んで弓を構えたり、槍で突き刺したりするには相当の鍛錬が必要だった。とくに、アッシリアをはじめとする地中海、ヨーロッパ方面の各国には乗馬の習慣がなく、馬に乗ること自体が難しかった。また、中東方面と違って馬の飼育環境が整っていなかったのも、馬の調教を遅らせた。戦車を引くだけならまだしも、人を乗せて人の言うことを聞くように調教する技術は、馬と生活を共にしていなければなかなか向上しなかったのだ。

しかし、メディア人などの遊牧民との戦いを通じて、ヨーロッパ各国にも騎兵の優位性は浸透し、前7世紀の**アッシリアの滅亡とともに、戦車の時代は終わりを告げた**のである。

戦車と騎兵の比較

 戦車		騎兵 
狭い（×）	行動範囲	広い（○）
ない（×）	機動性	ある（○）

POINT

騎兵は、戦車が入り込めないような場所でも入っていける

POINT

騎兵は、人馬一体となって攻撃できれば、戦車の数倍のスピードを出せる

ヨーロッパで騎兵部隊の導入が遅れた理由

1 道具がなかった

当時は鞍や鐙といった、効率よく馬に乗ることができるための道具が発明されておらず、馬上で武器を操るには非常な訓練が必要だった。

2 乗馬の習慣がなかった

地中海地域、ヨーロッパ方面の各国にはもともと乗馬の習慣がなく、馬に乗ること自体が難しい作業だった。また、馬の飼育環境が整っておらず、馬の調教もできなかった。

関連項目

●戦車の起源　バトル・カー→No.005
●戦車部隊はどのような陣形で戦ったか？→No.027

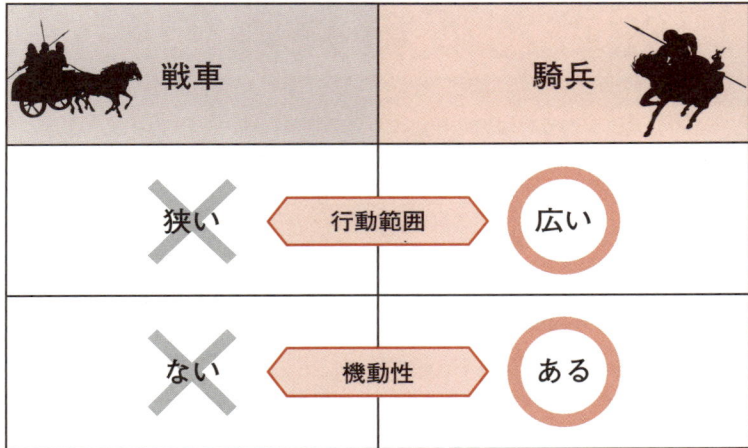

No.009

攻囲戦と攻城兵器の発達

兵器の発達はやがて攻城戦の発達へとつながる。そのために開発されたのが、数々の攻城兵器であった。その代表格となるのが、アッシリアで発展を見せた破城槌と攻城塔である。

●アッシリアが発達させた攻城兵器

古代オリエントに一大帝国を築いたアッシリアは野戦を得意とし、それゆえ、しだいに攻囲戦が主な戦場となっていった。野戦でかなわない敵軍は、早々と城にこもってしまったのだ。

攻囲戦は、攻める側にとっては多大な犠牲を払うリスクの大きなものだった。そのため、アッシリアでも攻囲戦におけるさまざまな手段を考え出した。

自軍の犠牲を減らすため、外交による降伏勧告からはじまり、敵軍に内応者を作り内側から城門を開けさせたりといった軍事行動以外の交渉策略のスキルがアップした。飴《あめ》と鞭《むち》を使い分けながら、言葉巧みに敵軍を籠絡《ろうらく》する知識と技術が、戦場で必要になった。

それでも落ちない場合、やむなく攻城戦へと移る。そしてアッシリアでは、攻城兵器が発達した。その代表が、破城槌《はじょうつい》と攻城塔《こうじょうとう》である。

国王アッシュールナシルパルの頃（在位：紀元前883～前859年）には、すでに6輪の移動式攻城塔が使われ、破城槌も搭載されていた。ティグラト・ピレセル3世の頃（在位：紀元前744～前727年）になると、攻城塔は軽量化・量産化され、数基の攻城塔が戦場に投入された。

ほかにも攻城用の長いはしごが使われ、専用の訓練も行われていた。アッシリアでは、これら攻城兵器を同時多発的に使い、敵軍を分散させて城門を破壊していたといわれる。

それでも落ちない場合は相手の補給路を断って兵糧攻めにする。しかしこれは自軍の兵站《へいたん》が確保され、さらに敵に援軍が現れないことが条件だったため、あくまでも最終手段であった。

アッシュールナシルパルの攻城塔

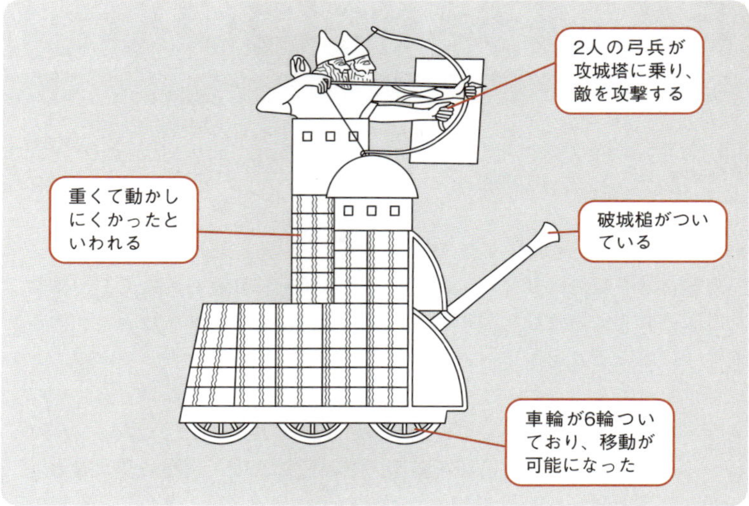
2人の弓兵が攻城塔に乗り、敵を攻撃する
重くて動かしにくかったといわれる
破城槌がついている
車輪が6輪ついており、移動が可能になった

ティグラト・ピレセル3世の攻城塔

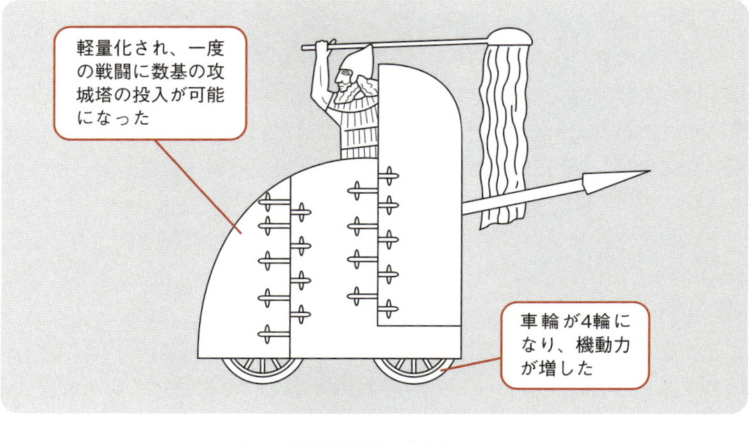
軽量化され、一度の戦闘に数基の攻城塔の投入が可能になった
車輪が4輪になり、機動力が増した

関連項目

●攻城兵器の原点ともいえる攻城梯子とは→No.037
●城を攻めるための必須兵器・攻城塔の出現→No.038
●城壁を破壊する破城槌の威力→No.041

No.010

兵器を進歩させた「ねじりばね」

マケドニアで開発された「ねじりばね」は、それまで兵器に使われていた伸張ばねよりはるかに強力であった。兵器は「ねじりばね」によってさらに発展していくことになる。

●ねじりばねの発明がマケドニアを強国に変えた

攻城兵器を劇的に変えたのが、紀元前４世紀に発明されたねじりばねである。それまでの攻城兵器や弩弓《どきゅう》に使われていたのは伸張《しんちょう》ばねで、垂直に取りつけて、それを後方へたわめることで力に変えていた。一方、ねじりばねは、ばねとするロープや毛の両端にウインチを取りつけ、真ん中に丈夫な木のアームを差し込んで、両端のウインチを回すことでロープや毛をねじっていく。これで、**兵器の破壊力を格段に上げ、射程も長くなった。**

ねじりばねは、マケドニアのフィリッポス2世（紀元前359～前336年、アレクサンドロス大王の父）によって生み出されたテクノロジーである。マケドニアをギリシア方面の強国に押し上げたフィリッポスは、次の標的を大国アケメネス朝ペルシアにした。ペルシアは、フィリッポスがこれまで戦ってきたギリシアのポリスとは違う大国であった。そのため、フィリッポスは大規模侵攻を前に攻城兵器の改良を厳命した。そして、首都ペラに集められた技師たちの手で作り出されたのが、ねじりばねだった。この画期的な発明は、弩弓の能力を向上させ、壁を崩すための投射兵器リトボロス（投石器）を生み出した。

これにより、マケドニアの攻城戦における攻撃力は飛躍的に向上し、難攻不落のテュロスを落とすなど、アレクサンドロス大王の快進撃につながっていった。

その後も、ねじりばねは短期間で改良を重ね、紀元前2世紀頃になると、ばねのねじり紐に使うロープは、発明当初は馬の毛を使っていたのだが、馬の腱を使うようになり、耐久性も強度も増した。

ねじりばねのテクノロジーは、以降800年以上もの間あらゆる地域で投射兵器の装置として使われるようになる。

マケドニアとアケメネス朝ペルシアの位置関係

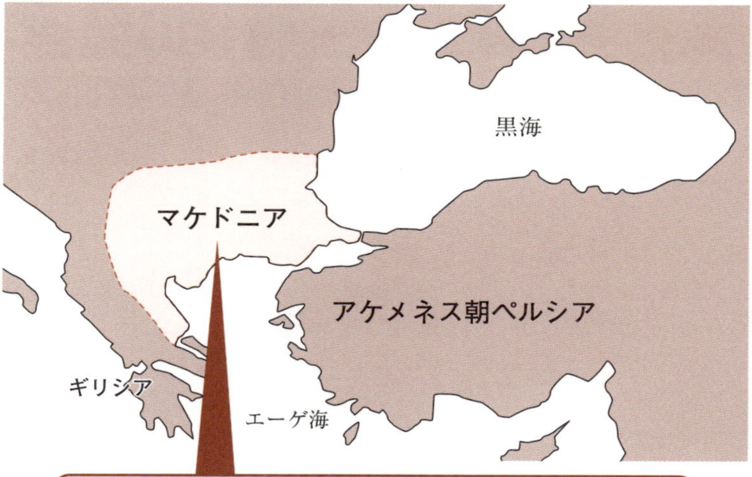

フィリッポス2世

- 紀元前359年～前336年
- アレクサンドロス大王の実父
- ペルシアとの戦いに備えて、攻城兵器の改良を命じ、その結果、「ねじりばね」が作り出された

ねじりばねの特徴

1

ばねとなるロープや毛を丈夫な木のアームとウインチを使ってねじっていくことで、伸張ばねより丈夫なばねとなり、兵器の破壊力が上がった。

2

マケドニアのフィリッポス2世の命で集められた技師たちによって前4世紀中頃に発明された。

3

発明後、800年もの間使われ続けるほど実用的で、ねじりばねのおかげで弩弓の能力は向上し、新たな投石器を生み出すことにつながった。

関連項目

●カタパルトよりも製法が簡単なオナゲル→No.014
●誰でも使える弓として開発されたバリスタ→No.016

No.011

海上兵器「ガレー船」の発達

海上での戦いの発達によってフェニキア人に開発されたのが、軍船であるガレー船であった。ガレー船はその後、二段櫂船となり、三段櫂船へと発展していった。

●ペンテコントロスから二段櫂船へ

兵器は陸上だけでなく、海上でも発達した。**海上の最初の兵器といえるのがガレー船**であろう。世界最初の軍船は紀元前13世紀に起こったトロイア戦争で使われたとされるが、確実な記録に残っているのは、前1190年のエジプトである。櫂《かい》を使ったエジプトの軍船は、海洋ではなく大河用に使われたものだったため、竜骨《りゅうこつ》がなく、衝角《しょうかく》（No.029参照）を設置するだけの強度も足りていなかった。

軍船の発達に大きく寄与したのが、フェニキア人（現在のシリア・イスラエルの地域）だった。彼らは船の外板同士を“ほぞ穴”で接合することによって耐久性をつけ、軍船としての価値を高めることに成功した。船には横帆《おうはん》と櫂が備え付けられ、マストは取り外すことができた。

フェニキアの軍船ははじめは20人で漕いでいたが、やがて50人体制となり、**「五十櫂船《かいせん》（ペンテコントロス）」**と呼ばれるようになった。**これがガレー船の初代である。**左舷・右舷に25人ずつが櫂をもって乗り込むため、船は非常に細長くなって安定感がなくなり、操縦も難しくなった。また、初期のペンテコントロスには衝角がつけられていなかった。

衝角なしのペンテコントロスの時代は前9世紀頃まで続いたが、やがて衝角をつけるようになって攻撃力が増すと、さらなるスピードアップが求められるようになった。そこでフェニキア人は、上下二段に櫂を備えたガレー船、**二段櫂船**を開発した。二段櫂船は一段櫂船よりも船長が短くなったため、操縦も容易になり、安定感が増したためより遠くまで航海できるようになった。

二段櫂船はほどなく三段櫂船となり、さらに四段、五段櫂船へと進化を遂げることになる。

エジプトの軍船（前1190年頃）

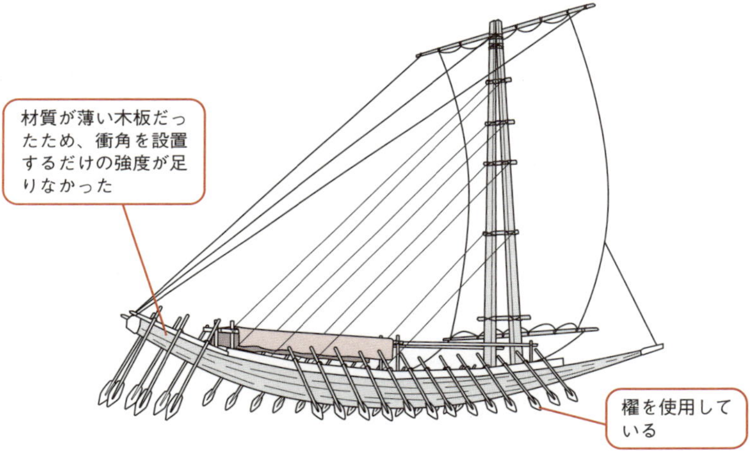
材質が薄い木板だったため、衝角を設置するだけの強度が足りなかった
櫂を使用している

五十櫂船（ペンテコントロス）

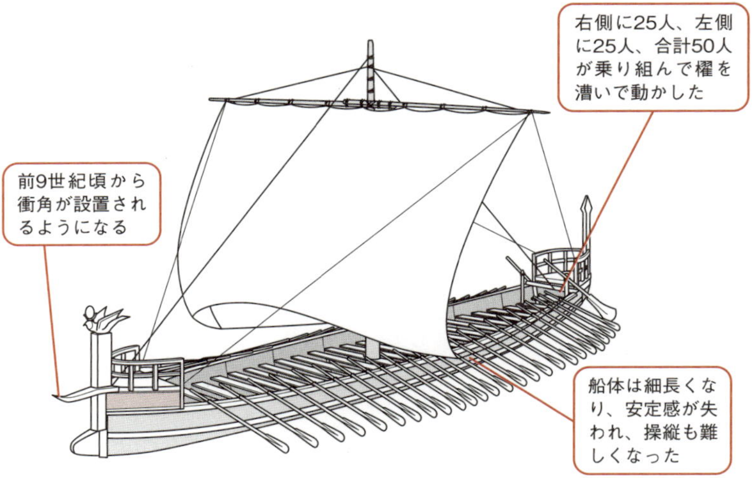
右側に25人、左側に25人、合計50人が乗り組んで櫂を漕いで動かした
前9世紀頃から衝角が設置されるようになる
船体は細長くなり、安定感が失われ、操縦も難しくなった

関連項目

●海上兵器として活躍した三段櫂船とは→No.028
●三段櫂船の発展型・五段櫂船の登場→No.032

古代における兵器の役割

現代と古代とでは、兵器が果たす役割に雲泥の差があった。近現代の戦闘において、もっぱら兵器は遠距離で使われるようになった。原子爆弾や生物兵器など、いまでは兵器は一撃必殺の殺傷能力を持つに至り、武器を手に持つ白兵戦はほぼなくなってしまった。一方、火薬が発明されていなかった古代の兵器には、火力を望むことはできず、兵器の攻撃力にはおのずと限界があったため、最後は白兵戦によって決着がつくことが主流だった。

兵器は大きく分けると、白兵戦で敵を打ちのめす攻撃兵器と、遠距離の敵に投げつけたり射たりする飛翔兵器の２つに分けられる。古代の戦争でも飛翔兵器は使われたし、戦車などの車両兵器、柵や罠などの防衛兵器も使われてはいたが、最終的には攻撃兵器で雌雄を決するのが当たり前だった。

したがって、マケドニアのファランクスに代表されるように、攻撃兵器を前提とした陣形や戦略が重宝された。飛翔兵器も時代を経るにつれて研究開発が重ねられてきたが､各個撃破することはできるものの､勝利を得るまでには至らなかったのである。

飛翔兵器の役割は、おもに開城である。三国時代の中国では、発石器や連弩などの開発が進み、それらは攻城兵器として十分に役割を果たした。そして、開かれた城門から兵士が殺到し、攻撃兵器をもって敵のせん滅にあたったのである。

青銅器が発見されて攻撃兵器の殺傷能力が上がり、さらに鉄による兵器の鋳造が可能になると、攻撃兵器の威力は格段に上がった。また、アルキメデスなど学者による兵器の開発があったように、結果的に文明の発展に寄与した面もあると言わざるを得ない。

古代に使われた貧弱な兵器（あくまでも現代と比較して）は、古代人たちに戦術、戦略、開発など、あらゆる面で発展を促した。それは、兵器が脆弱だったからこそでもある。

第2章
西洋の古代兵器

No.012

人類が初めて発明した兵器・スリング

簡単・手軽な兵器として、古代より重宝されたのがスリングだ。石などを相手にめがけて投げるときに使われる。『旧約聖書』にも使用されたことが書かれており、日本でも使われていたポピュラーな兵器である。

●『旧約聖書』にも描かれる最古の兵器

紀元前1万2000年頃、**人類が初めて発明した兵器のひとつがスリング**と呼ばれる兵器である。スリングとは、ひとことでいえば、投石用の紐《ひも》のことだ。紐の中央に投擲《とうてき》する石弾をセッティングする袋があり、紐の片端に輪を作って指を引っかけて固定し、それを頭上で振り回して遠心力を加えて石弾を放り投げる。『旧約聖書《きゅうやくせいしょ》』では、ダビデがペリシテ人の巨人ゴリアテの額をスリングで撃ち抜いたと記されている。

スリングの利点は、投擲する弾丸の補充が簡単であることだ。ダビデは、小川で拾った5つの石を弾丸に使ったという。その後、弾丸には鉛玉が使われるようになり、自軍を示す刻印もなされるようになる。古代ギリシアでは、弾丸に「服従せよ」という言葉を刻んだ例もあった。

スリングは組織された軍隊のなかでも、兵器として重要なポジションを占め、たとえば紀元前4世紀のカルタゴには、大量の投石兵が配備された。弓兵よりも重要視されていたようで、2000人規模の投石部隊が存在したといわれる。

スリングの欠点は、頭上で振り回す所作《しょさ》が必要なため連発できないことにある。古代ローマ軍は、かなりの訓練を積んだ兵士たちが間断なく弾丸を投げることによって、その欠点を払拭した。

スリングは、製法も弾丸補充も簡単なことから一気に普及し、世界各地のいたるところで使われるようになった。**日本でも投弾帯と呼ばれるスリングと同じ形態の兵器が弥生時代の遺跡から出土**している。

また、紀元前4世紀の古代ギリシアでは、スリングを木の棒に結びつけて射程を伸ばした**スタッフスリング**という兵器が作られている。

スリングの構造

〈基本的なスリング〉

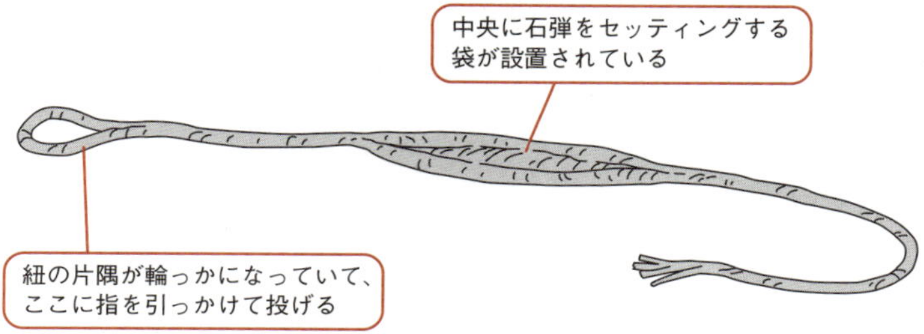
中央に石弾をセッティングする
袋が設置されている
紐の片隅が輪っかになっていて、
ここに指を引っかけて投げる

スリングの使い方

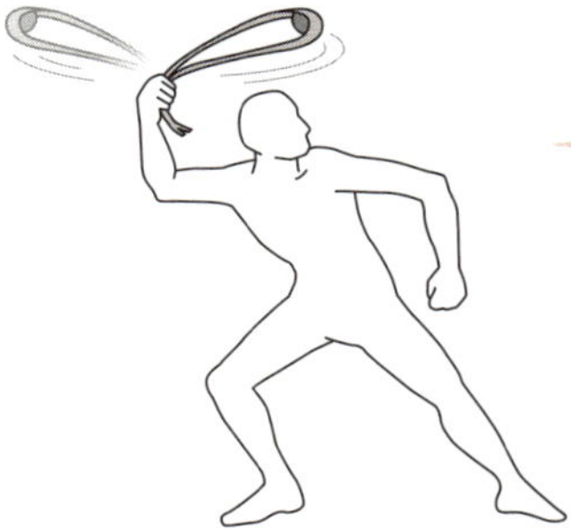

頭上で振り回して遠心力を利用して遠くへ投げる

スリングで使われる弾丸は、当初は石だったが、その後鉛玉が使われるようになり、攻撃力が上がった。前4世紀のカルタゴには2000人規模の投石部隊があったといわれる。

スタッフスリングとは

紐の代わりに長い木の棒を使うことで遠心力を高め、射程距離を伸ばした。

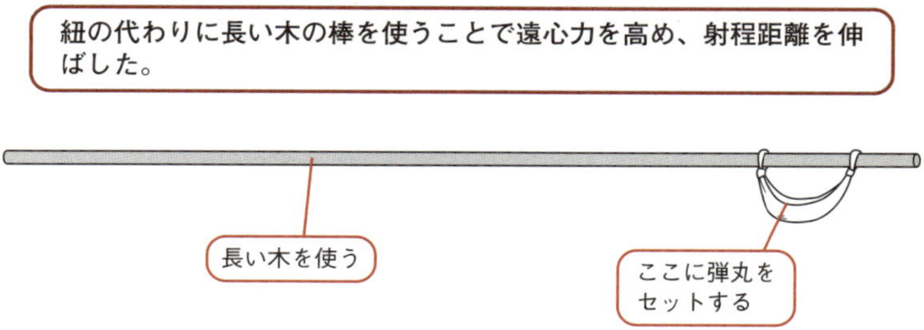
長い木を使う
ここに弾丸を
セットする

関連項目

●原始的投石器の登場→No.003
●巨大な投石器カタパルトの登場→No.013

No.013

巨大な投石器カタパルトの登場

投石器として広く使われた兵器、カタパルト。ばねを使うことで、スリングよりもはるかに遠くへ弾丸を投げることができ、スリングとは比べ物にならない威力を誇った大型兵器である。

●スリングを上回る威力の大型兵器

攻城戦が多くなったアッシリアで、破城槌《はじょうつい》をはじめとする攻城兵器が次々と発明され、各地で発展を遂げていった。そのなかの一つが、**大型の投石器・カタパルト**である。

実際、カタパルトがどこでいつ発明されたのかは定かではない（カタパルトはギリシア語で“スイングするもの”という意味だが、発明時期などの詳細は不明）が、古代ローマやギリシアなどの大国でも頻繁に使われるほど、攻城戦には有効な兵器だった。

初期のカタパルトは、動物の腱《けん》や髪の毛などをばねに使った伸張ばね式で、紀元前4世紀のマケドニアでねじりばねが発明されると、以降はねじりばね式が主流となる。伸張ばねの場合は1キログラムの石を使って射程が約150メートルに対し、ねじりばね式は4キログラムの弾を320メートルほども飛ばせた。

ねじりばね式は、何本もの毛髪や腱をまとめて縒《よ》り合わせ、そこにアームを差し込み、ウインチを使ってアームを後方に引くことで反発力を得て、弾丸を打ち出した。弾丸には大きな石だけでなく、鉛玉や長槍、大型の矢なども使われた。たとえば88センチメートルの大型の矢を発射し、370メートル遠方にある盾《たて》を貫くことができたともいわれている。

カタパルトは各国の軍隊でも重要な兵器であり、古代ローマでは紀元前3世紀に勃発したポエニ戦争のとき、一個大隊に一基の割合でカタパルトが配備され、戦場で大いに活躍した。このときのカタパルトは、90キロの巨石を投擲《とうてき》したと記されている。

ちなみにその後、ばねが青銅で作られるなどの改良を重ねながら、カタパルトは火器が発達する中世まで主力兵器として使われた。

カタパルトの構造とねじりばね

攻城戦の増加によって攻城兵器は進化を遂げ、大型の投石器であるカタパルトが発明された。その威力によって、カタパルトは多くの国で使われるようになる。

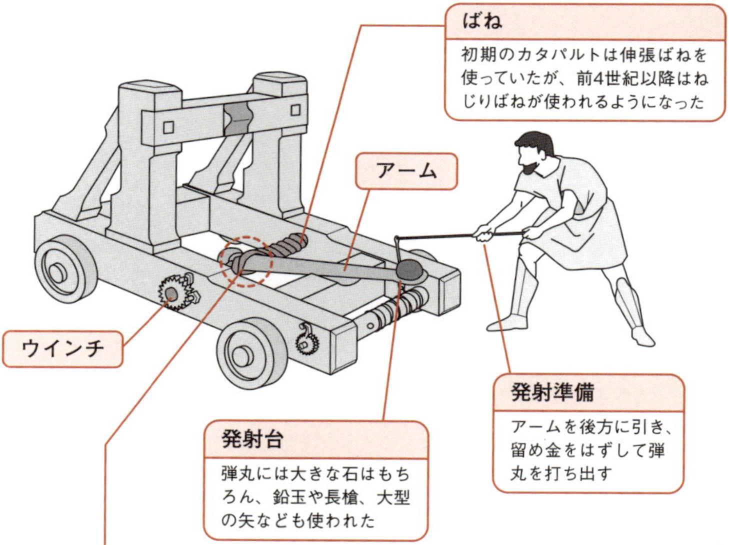
ばね
初期のカタパルトは伸張ばねを使っていたが、前4世紀以降はねじりばねが使われるようになった
アーム
ウインチ
発射準備
アームを後方に引き、留め金をはずして弾丸を打ち出す
発射台
弾丸には大きな石はもちろん、鉛玉や長槍、大型の矢なども使われた

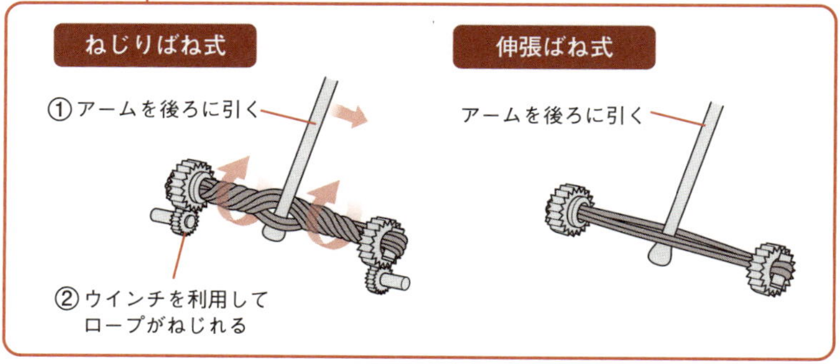
ねじりばね式
①アームを後ろに引く
②ウインチを利用してロープがねじれる
伸張ばね式
アームを後ろに引く

関連項目

●原始的投石器の登場→No.003　●人類が初めて発明した兵器・スリング→No.012
●兵器を進歩させた「ねじりばね」→No.010

No.014

カタパルトよりも製法が簡単なオナゲル

オナゲルはカタパルトの改良版といえるもので、紀元前３世紀頃より現れる。飛距離や威力はカタパルトとさほど変わらないが、量産できるようになった点で画期的であった。

●量産型の投石器の開発

オナゲルは投石器の一種で、カタパルトの改良版ともいえる兵器である。アームの先には、スリングの袋に似たものを取りつけてあり、ねじりばねを使って投擲した。

オナゲルが開発されたのは、紀元前3世紀頃のギリシアかローマだとされている。オナゲルとは野生のロバという意味で、弾丸を発射するときの動きが、ロバの蹴りを思わせることから命名された。

カタパルトに比べて、製法が簡単になったため量産できるようになった点が最大の利点である。これはカタパルトから進化したともいえるが、実際は、カタパルトを作ったりメンテナンスを施すための職人が不足したための緊急措置だったともいわれている。とくに、ねじりばねを発明したマケドニアでは改良が重ねられ、100キロの弾丸を600メートル遠方まで飛ばすことができた。この場合、発射時の反動が大きいために、レンガ、または土造りの台車に乗せていたと考えられている。

オナゲルは、アームの先端に麻のかごが取りつけられており、そこに弾丸をセットする。アームはねじりばねに差し込まれていて、その反発力で投石を行った。8人ほどで操作したと考えられている。

オナゲルは攻城兵器として活躍し、古代ギリシアからマケドニア、そして古代ローマ帝国でも攻城戦の主要兵器として使われた。これら投石器は、まとめてリトボロスと呼ばれることもあり、またリトボロスをカタパルトから発展した軽量の投石器と解釈することもある。

投石器に関しては、分類がいまだ明確に定義づけされているわけではないが、有史以来の戦史のなかでオナゲルなどの投石器が果たした役割は大きい。

オナゲルの構造

紀元前3世紀頃に発明されたとされるオナゲルは、カタパルトの一種である投石兵器である。「オナゲル」とは“野生ロバ”の意だ。

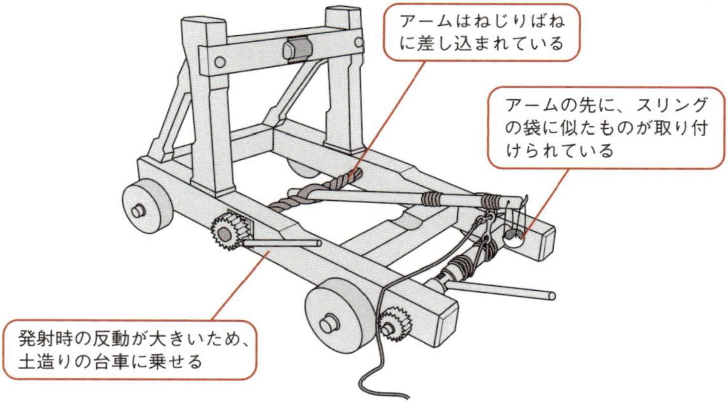
アームはねじりばねに差し込まれている
アームの先に、スリングの袋に似たものが取り付けられている
発射時の反動が大きいため、土造りの台車に乗せる

オナゲルの特徴

1 飛距離
カタパルトとさほど変わらない。

2 威力
カタパルトとさほど変わらない。

3 製法
カタパルトより簡単で量産が可能。

＜マケドニアのオナゲルの特徴＞

1
2
3

1. 100kgの弾丸
2. 飛距離600m
3. レンガ造りの台車

関連項目

●兵器を進歩させた「ねじりばね」→No.010
●巨大な投石器カタパルトの登場→No.013

No.015

アッシリアの複合弓と弓兵部隊

飛距離、威力に限界があった「丸木弓」を改良し、さらなる威力をもたせた弓が「複合弓」だ。アッシリアでは、複合弓部隊と投石部隊を組み合わせることで、より戦闘力の高い部隊を作り上げた。

●丸木弓の改良版・複合弓の登場

単一の木材で作られる弓を**丸木弓《まるきゆみ》**とか、**セルフボウ**という。この丸木弓は、ある程度以上の力を付加すると壊れてしまい、どれだけの剛力をもってしても飛距離、威力に限界があった。

この最大の弱点を払しょくしたのが**複合弓《ふくごうゆみ》**である。複合弓は、複数の材質を組み合わせて弓を作り、前面に動物の角などの硬い物質、背面に動物の腱《けん》を貼りつけて、弓自体の強度を高めた。

複合弓の発明により、力が強ければ強いほど、より遠くに、そしてより威力の高い矢を発射することが可能になった。そのため、丸木弓に比べて個人の力量の差が顕著になった。

複合弓を戦場に用いたのは、古くは紀元前2200年頃のアッカドのナムラ・シン王である。続いて紀元前1800年～前1600年のどこかで、ヒクソス人によってエジプトに伝えられた。

その後、戦車が発明されると、複合弓をもった弓兵は戦車部隊に配備されることが多くなった。紀元前7世紀のバビロニアでも、複合弓を手にした弓兵が戦車に乗って戦場を闊歩《かっぽ》した。

複合弓を、戦場でもっとも有効に使ったのはアッシリアであろう。アッシリアでは、複合弓兵は投石兵とタッグを組んで配置された。投石兵が放つ弾丸は、わりと平坦な軌道で飛んでいく。敵は盾を前面に構えて阻止するわけだが、そのときに弓兵が空高く矢を放ち、敵の頭上に矢の雨を降らせる。すると、前と上からの挟み撃ちとなり、敵は矢を避ければ投石に、投石を避ければ矢によって倒れることになる。

その後、騎兵が誕生すると、馬上の兵士たちは複合弓を手にして戦場を駆け回り、世界各国のあらゆる戦いの主力となっていくのである。

セルフボウと複合弓

セルフボウ

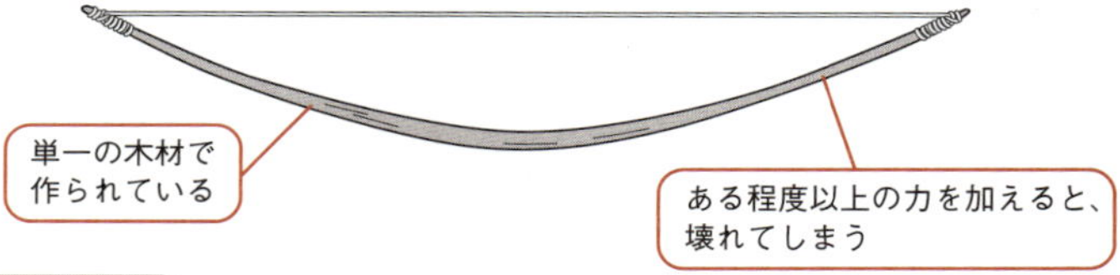
単一の木材で
作られている
ある程度以上の力を加えると、
壊れてしまう

複合弓

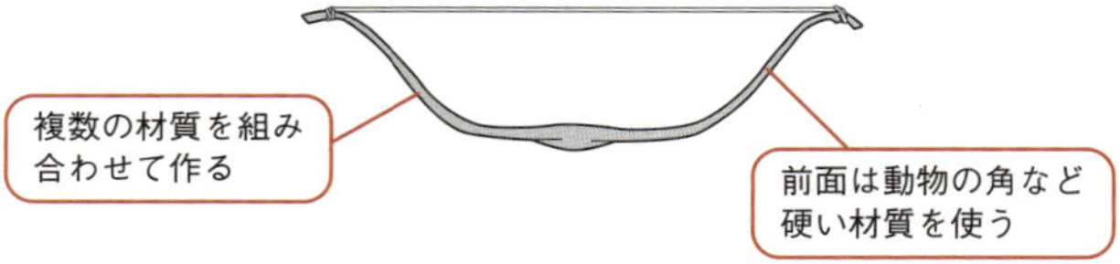
複数の材質を組み
合わせて作る
前面は動物の角など
硬い材質を使う

複合弓兵と投石兵

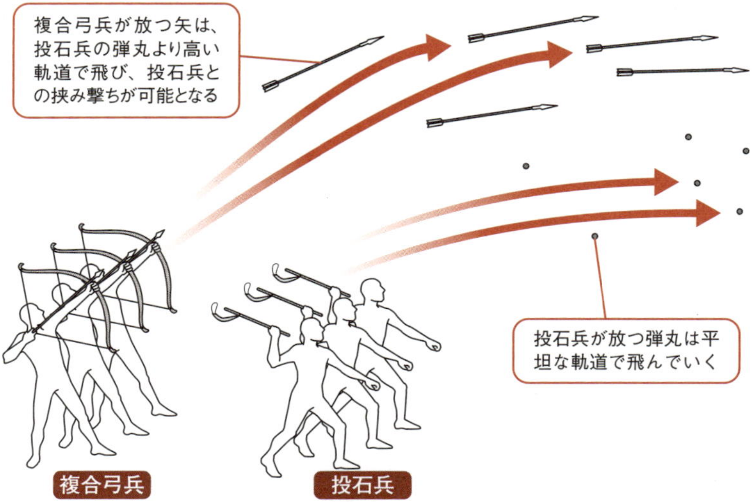
複合弓兵が放つ矢は、
投石兵の弾丸より高い
軌道で飛び、投石兵と
の挟み撃ちが可能となる
投石兵が放つ弾丸は平
坦な軌道で飛んでいく
複合弓兵
投石兵

関連項目

●戦車の起源　バトル・カー→No.005
●兵器に革命をもたらしたアッシリア→No.006

No.016

誰でも使える弓として開発されたバリスタ

熟練した兵士にしか使えなかった複合弓の欠点を補うべく開発されたのがバリスタだ。バリスタの登場によって、弓は手軽に扱える兵器となり、多くの戦場で活躍することになる。

●誰でも使える複合弓・バリスタ

複合弓を戦場で使うためには、かなりの鍛錬と技術を必要とした。そこで考え出されたのが、鍛錬を必要としない弓の開発である。それが、紀元前5世紀頃、古代ローマに登場した**バリスタ**である。

バリスタは、投石器を弓用に改良した、いわゆる弩《いしゆみ》である。構造は複雑で、ばねを使って巨大な矢を発射した。

バリスタは随時改良が施され、ねじりばねの発明で威力も射程も大きくなった。フレームや基部は徐々に強化され、ロープを固定するワッシャーを楕円形にすることで、ばねに使うロープを増やしてねじれを強くした。1世紀に入ると、フレームはすべて金属で作られ、ロープを筒にいれることで、さらに強くねじることを可能にし、同時に風雨からロープを守ることで寿命も伸びた。

バリスタは、戦場で多く使われ活躍した。古代ローマでは、各軍団に55台のバリスタが配備され、攻城戦、攻囲戦、防衛戦とあらゆる戦場で使われた。ただバリスタの欠点は、巨大ゆえに機動性に欠けることにあった。そのため、攻城戦などでは効果的な攻撃を加えることができたが、野戦ではあまり使われなかった。

この欠点を払拭《ふっしょく》する使い方が、海戦で用いることだった。艦船に設置すれば、機動性の欠如は問題にならなかった。ローマ海軍の大型艦船には、ほぼすべてにバリスタが搭載されていたという。

実際に戦場で使われたバリスタの記録は数多く、マケドニアとギリシアが戦ったカイロネイアの戦い（紀元前338年）、ローマ軍人スキピオ・アフリカヌスのヒスパニア遠征（紀元前208年）、ローマがダキアと戦ったダキア戦争（101～107年）などが有名だ。

バリスタの形状

投石器を弓用に改良し、複合弓を兵器として大型化させたのがバリスタだ。出現は前5世紀頃の古代ローマだと考えられている。

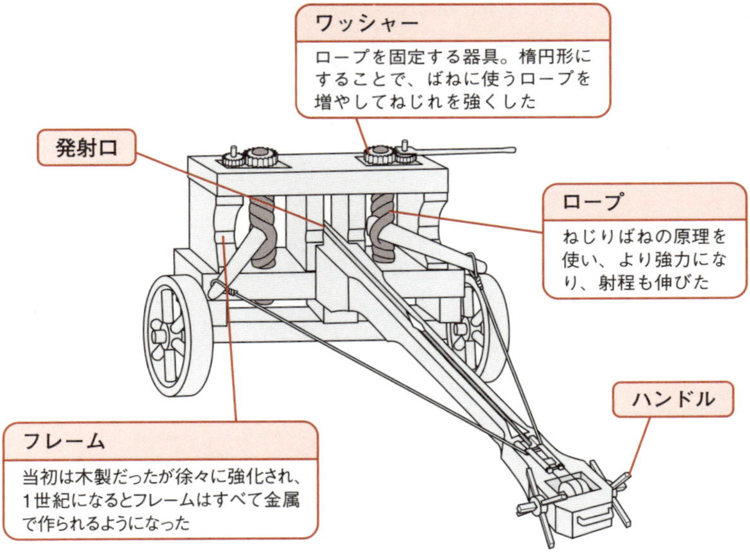
ワッシャー
ロープを固定する器具。楕円形にすることで、ばねに使うロープを増やしてねじれを強くした
発射口
ロープ
ねじりばねの原理を使い、より強力になり、射程も伸びた
ハンドル
フレーム
当初は木製だったが徐々に強化され、1世紀になるとフレームはすべて金属で作られるようになった

海上のバリスタ

バリスタはその大きさゆえに機動性に欠けたが、艦船に設置すれば機動性の欠如も照準の不便さも問題にならなかった。古代ローマの大型艦船には、ほぼすべてにバリスタが搭載されていた。

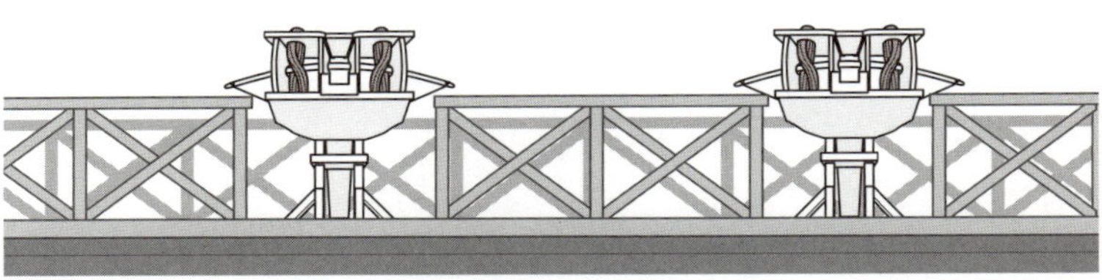

関連項目

●アッシリアの複合弓と弓兵部隊→No.015
●ディオニュシオスの弩→No.017

No.017

ディオニュシオスの弩

自国の領土の拡大をめざすシラクサのディオニュシオス１世は、各国から技術者たちを呼び集め、兵器の開発・改良に余念がなかった。そして誕生したのが、ガストラフェテスと呼ばれる弩である。

●ディオニュシオスが作った弩

ギリシアとカルタゴに挟まれたシラクサという都市に、紀元前4世紀、ディオニュシオス1世という僭主《せんしゅ》が生まれた。彼は、シチリア島全域を支配下に治めるべく、カルタゴに宣戦布告するなど精力的な活動を見せた。

ディオニュシオスは、戦争を有利に進めるため、兵器の開発に余念がなかった。そのために彼は、隣国などの各国から、技師や職人、知識人をシラクサに集め、新兵器の研究開発に没頭させた。

そこで誕生したのが、**ガストラフェテスと呼ばれる、ヨーロッパ世界最初の弩**である。ガストラフェテスは兵士が携帯して戦場に立てるサイズで、湾曲した台架を腹に当てて弦《げん》を引き絞ることで、腕力のない人間でも強力な矢を発射することができた。

ほかにも、海戦用に四段櫂船《よんだんかいせん》を開発したり、カタパルトを開発したのもディオニュシオスだという説もある。実際、カタパルトの開発者が彼だという証拠はないが、シラクサでカタパルトが使われ、改良も施されていたことは事実のようだ。いずれにせよ、ディオニュシオスがそうした兵器開発に並々ならぬ意欲をもっていたことは確かである。シラクサは、彼の開発した新兵器を戦場にもち込み、カルタゴやギリシアを大いに苦しめた。

ディオニュシオスの兵器開発チームは、彼の死後もシラクサに残り、**その後ねじりばねを発明して兵器に革命を起こす**ことになる。

また、西暦100年頃、アレクサンドリアに現れたディオニュシオス（同名異人）という人物は、連射式の弩を発明した。矢を装填《そうてん》する弾倉を弩の矢溝の上に置き、矢が発射されると弾倉から次の矢が落ちてきて連射を可能にした。この弩は、いったん照準を定めると変更がきかないという欠点があった。それを払拭したのが、中国の三国時代に登場した連弩《れんど》である。

シラクサとカルタゴの位置関係

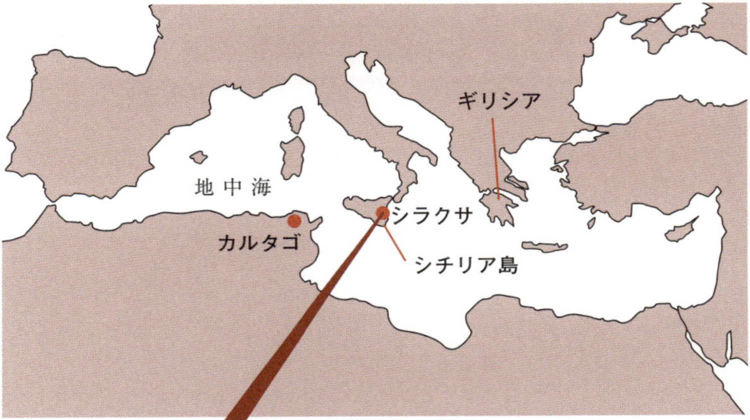
ギリシア
地中海
シラクサ
カルタゴ
シチリア島

ディオニュシオス1世

- 兵器の開発のために近隣各国から技術者を集める
- ガストラフェテスの開発
- 四段櫂船・カタパルトを開発した？

ガストラフェテスとは？

台架
台架は湾曲していて、この部分を腹に当てて弦を引き絞る。こうすることで腕力のない人間でも強力な矢を発射することができた。
発射口
矢

関連項目

●海上兵器として活躍した三段櫂船とは→No.028
●兵器を進歩させた「ねじりばね」→No.010

No.018

スコルピオとケイロバリストラ

他国の兵器を輸入することで軍隊を強化していった古代ローマ帝国が開発した数少ない兵器が「スコルピオ」だ。バリスタを軽量化した弩の一種で、さらにケイロバリストラへと発展させた。

●ローマ帝国が開発した弩

古代ローマには、かなり組織化された軍隊が存在していたことは明らかであるが、なぜかほかの国に比べて弓兵の数が少なかったといわれている。それを補っていたのが、**スコルピオと呼ばれる弩《いしゆみ》だった。**

スコルピオは、バリスタを軽量化したローマの新兵器である。軽量化に成功しただけでなく、バリスタより大きな矢を発射することも可能で、アームを湾曲させることで威力も増大させてあった。1本の矢で2人の人間を殺すことができたといわれている。また、機構部に金属を使うことで耐久度を高めた。

ローマ軍は、野戦でも攻城戦でもスコルピオを好んで使った。攻城戦では、攻城塔と組み合わせて大きな効果を発揮した。73年、イスラエルのマサダ攻囲戦では、高さ30メートルの攻城塔の内部や頂上にスコルピオ兵が配備され、難攻不落で名高いマサダの攻略に成功している。

ローマでは、他国に比べて兵器の開発に寄与することが少なかったが、スコルピオの開発は、のちの**ケイロバリストラ**の誕生を促すことになる。

ケイロバリストラは、構造や原理はバリスタと同じだったが、それまで木製だった機構部のほとんどすべてを金属で作ることに成功し、ばねを青銅の筒で覆うことで、風雨や敵からの攻撃に耐えられるようになった。

さらに、ばねを狭い筒に閉じ込めることで強くねじることを可能にし、威力を増大させた。

また、それまでのバリスタにはなかったアーチ型の照準器を備えつけることで、命中精度を格段に向上させたのである。

スコルピオの特徴

ローマ軍が開発した、バリスタを軽量化した兵器がスコルピオと呼ばれる投射兵器である。

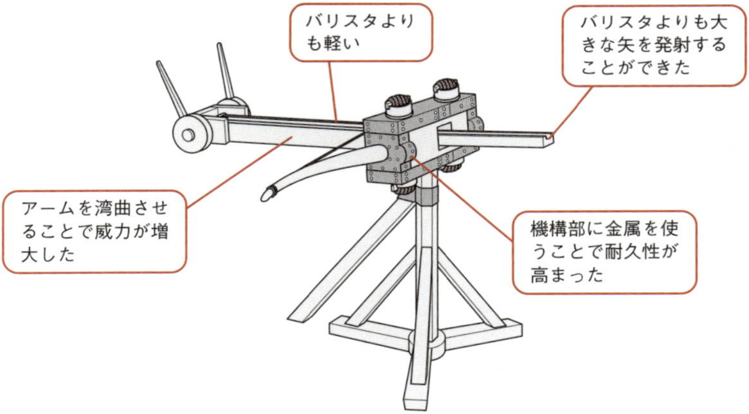
バリスタより
も軽い
バリスタよりも大
きな矢を発射する
ことができた
アームを湾曲させ
ることで威力が増
大した
機構部に金属を使
うことで耐久性が
高まった

ケイロバリストラの特徴

ケイロバリストラはバリスタに似た投射兵器だが、バリスタより耐久性が高い。

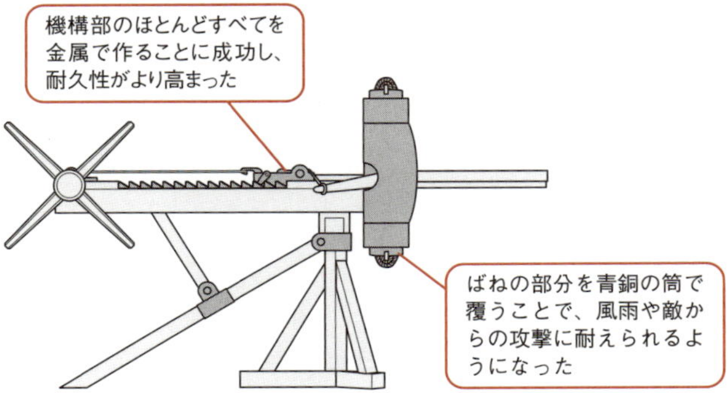
機構部のほとんどすべてを
金属で作ることに成功し、
耐久性がより高まった
ばねの部分を青銅の筒で
覆うことで、風雨や敵か
らの攻撃に耐えられるよ
うになった

関連項目

●誰でも使える弓として開発されたバリスタ→No.016
●鉄壁の要塞・エウリュアロスとマサダ→No.049

No.019

ガストラフェテスを改良したオクシュベレスとは

古代の戦場で重宝されたのが、矢や弾を遠くに飛ばす兵器だった。そのため弩や投石器にはさまざまな改良が重ねられ、発展していった。オクシュベレスは、バリスタから生まれたガストラフェテスの改良版である。

●ガストラフェテスの改良版

シラクサで発明されたガストラフェテスと同じような原理を用いて矢を発射する兵器が、**オクシュベレス**である。ただ一つ違う点が、ガストラフェテスが伸張ばねを使っているのに対し、オクシュベレスがねじりばねを使っている点である。

ねじりばねは、シラクサで発明された革命的な兵器のひとつであったため、オクシュベレスもシラクサで開発された。オクシュベレスは、後ろへたわめたアームが元に戻ろうとする力を使って矢を発射する兵器で、その射程距離は400メートルにも及んだ。

オクシュベレスの兵器的価値は、当時の兵器のなかでも屈指のもので、シラクサで発明されたそれは、あっという間にローマ、ギリシアにも伝わった。

ローマ軍の使ったオクシュベレスは、本体の弦を引く部分の両側に長方形の箱を設置し、その中にねじりばねを仕掛けることで、飛距離、威力はそのままに耐久性を向上させている。ローマ軍のオクシュベレスは、30センチメートルの矢を300メートル飛ばして、先にある盾や鎧《よろい》を貫通させるだけの威力があったといわれる。

その後、各国で使われるようになったオクシュベレスは改良を重ねられた。木製のアームは、激しい反動を受けて損傷が激しいため、鉄板で補強されて耐久性が高められるようになったなどだ。

オクシュベレスは、一度矢を発射すると次の矢を発射するまでに時間を要するというデメリットがあったが、各国軍はオクシュベレスを大量生産することでその弱点を補い、戦場では多くのオクシュベレスが活躍した。

オクシュベレスの特徴

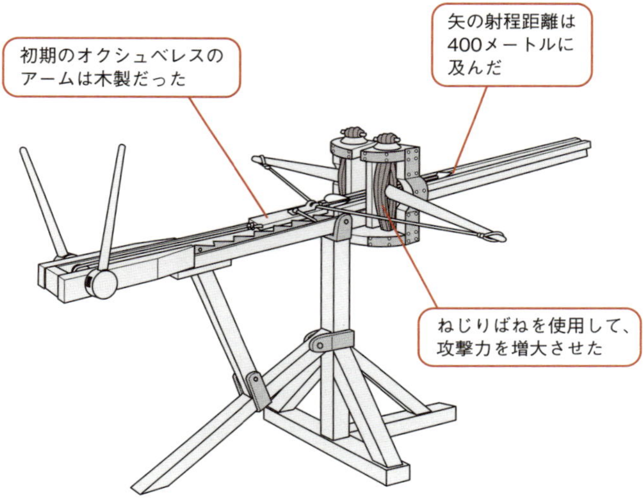
初期のオクシュベレスのアームは木製だった
矢の射程距離は400メートルに及んだ
ねじりばねを使用して、攻撃力を増大させた

〈ローマ軍のオクシュベレス〉

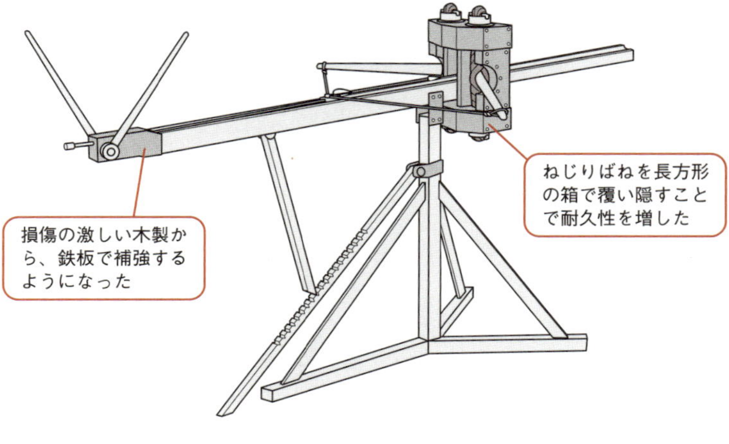
ねじりばねを長方形の箱で覆い隠すことで耐久性を増した
損傷の激しい木製から、鉄板で補強するようになった

関連項目

●兵器を進歩させた「ねじりばね」→No.010
●ディオニュシオスの弩→No.017

No.020

アレクサンドロスの「ねじれ弩砲」

一代で大帝国・マケドニア王国を築き上げたアレクサンドロス大王が開発した「ねじれ弩砲」は、長さ約４メートルという巨大な矢を発射することができる巨大兵器である。

●アレクサンドロス大王が開発した脅威の弩砲

マケドニアで開発されたねじりばねは、兵器に革命をもたらした。それまでの伸張ばねを使った兵器より、威力が格段と上がったのである。そして、そのテクノロジーを有効に使ったのが、マケドニアのアレクサンドロス大王である。

アレクサンドロスが多用したのは、ねじりばねを使った弩である。アレクサンドロスの弩砲は、長さ13フィート（約4メートル）の矢を発射することができ、飛距離もそれまでより飛躍的に伸びた。

このねじりばねを使った弩は、ねじれ弩砲と呼ばれる。

アレクサンドロスは、ねじれ弩砲を大量生産し、陸戦だけでなく海戦の際にも艦船に積みこんで使用した。難攻不落の島の要塞テュロス攻略の際にも、ねじれ弩砲はマケドニアの勝利に貢献した。

テュロス陥落の理由には、アレクサンドロスが行った大がかりな土木工事や攻城兵器、フェニキア人の艦船が第一に挙げられることが多いが、遠距離からテュロスを牽制し続けることができたのは、何よりこのねじれ弩砲があったからだった。

ねじりばねを使った弩砲は、マケドニアが滅びたあともギリシアや古代ローマで使われた。ローマ軍は、**アレクサンドロスの弩砲の数倍もある超巨大弩砲を開発**した。その大きさゆえに建造するにも装填するにも時間がかかったため、使用用途は限られ、大がかりな攻囲戦などで使われた。

そのほか、弓兵が少なかったローマ軍では、**小型の弩砲も開発**された。こちらは2人の兵士が操作できるもので、弓兵の不足を補うように野戦で用いられた。

アレクサンドロスのねじれ弩砲

ねじりばねを生み出したマケドニアでは、アレクサンドロス大王がそのテクノロジーを使って「ねじれ弩砲」を開発した。

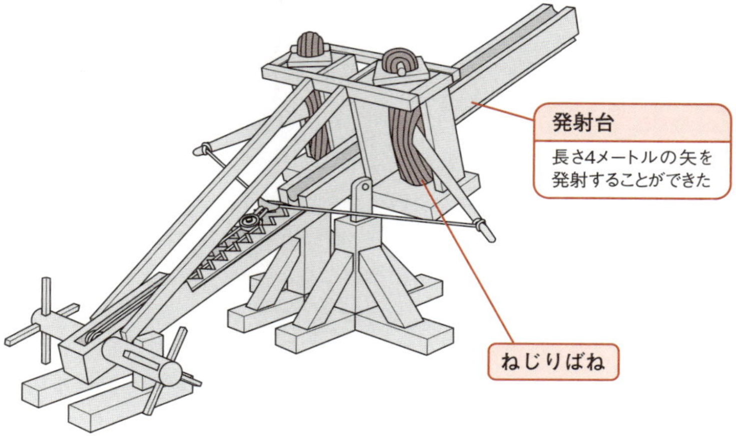
発射台
長さ4メートルの矢を発射することができた
ねじりばね

古代ローマの巨大弩砲と小型弩砲

＜超巨大弩砲＞

アレクサンドロスの弩砲の数倍の大きさを誇る

＜小型弩砲＞

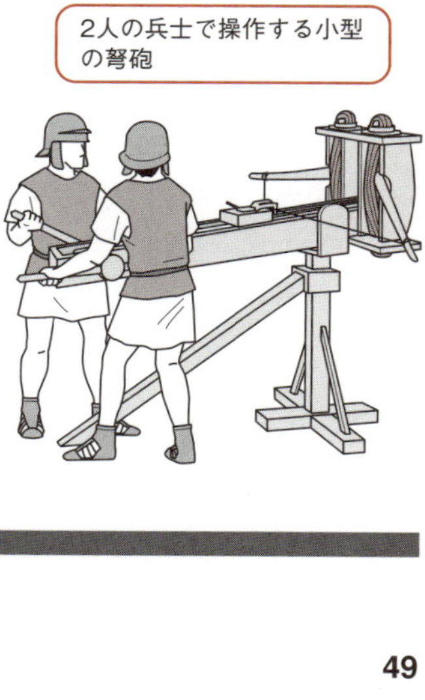
2人の兵士で操作する小型の弩砲

関連項目

●兵器を進歩させた「ねじりばね」→No.010

No.021

ファラリカ、プルムバタエ…さまざまな槍兵器

槍は近接武器としてポピュラーだが、投擲兵器としてもさまざまに発展していった。ピルム、アトゥラトゥル、ファラリカ、プルムバタエ……などが、身近な兵器として重宝された。

●さまざまに発展した槍兵器

物を投げるという原始的な兵器のひとつに、槍《やり》がある。紀元前3世紀頃の古代ローマでは、兵士たちは**ピラと呼ばれる小型の投擲《とうてき》用の槍**と、**ピルムと呼ばれる大型で重量のある投擲用の槍**の2本を装備していた。ピラは長さが1～1.2メートル、重さは0.8～1.2キログラム。ピルムは長さが2メートルほどで、重さは2キログラムを超えるものが多かった。

いつ頃から槍を投擲兵器として使いはじめたのかは不明だが、後期旧石器時代の頃には狩猟で使われていたようだ。また、その頃には、**アトゥラトゥルという、棒状の発射装置**のようなものも見つかっている。アトゥラトゥルは、槍、もしくは矢やダートを置くための溝を作り、端を鉤《かぎ》状にして槍などを引っかけるようになっている。

これは、回転する腕の長さを倍増させることができ、飛んでいく槍の速度が増し、射程距離も威力も上がる。古代ヨーロッパの各地では、これと同じ構造で、**スピアスローワー**と呼ばれる道具を使っていた。ただし、これらにセッティングできる槍は軽いものでなくてはならなかった。たいてい、**ジャベリンと呼ばれる小型の槍**が使われた。ジャベリンはピルムよりも小型で、長さは1メートル未満、重さは1キログラムほどだ。

投げ槍は各国で名称を変えてさまざまな種類が作られた。たとえばイベリアにはソリフェレウムという槍があり、これは槍全体がすべて鉄でできている。重量があるため遠距離投擲には向かないが、甲冑《かっちゅう》などで身を固めた敵に対して効果を発揮した。イベリアにはファラリカという槍もあり、先端を麻などの繊維でくるんで、そこに着火して火矢のごとく飛ばした。

投げ槍以外にも、矢を投げることも多く、4世紀頃のローマ帝国では、プルムバタエというおもりのついた投げ矢が使われた記録が残っている。

投擲兵器としての槍

ピラ

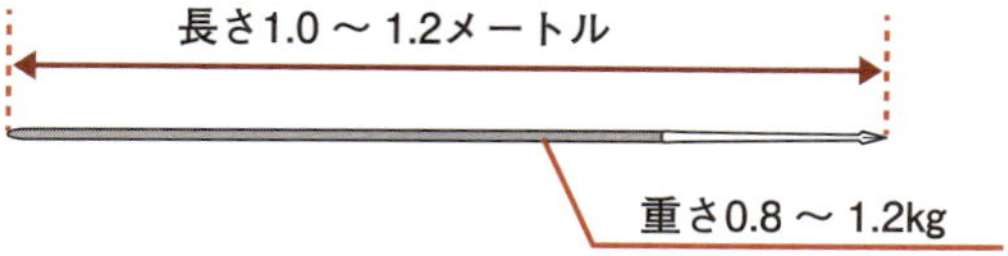
長さ1.0 〜 1.2メートル
重さ0.8 〜 1.2kg

ピルム

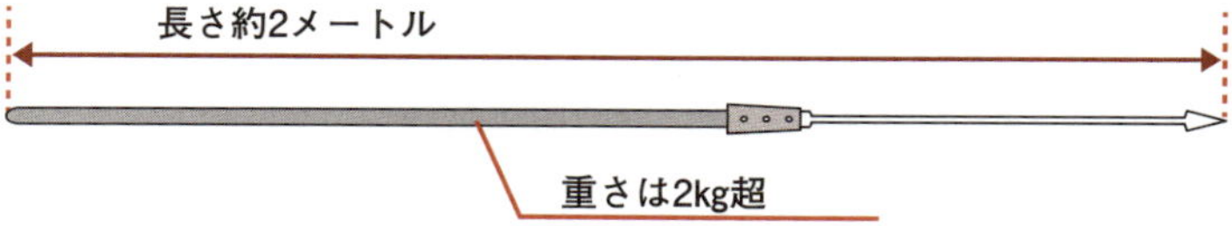
長さ約2メートル
重さは2kg超

ジャベリン

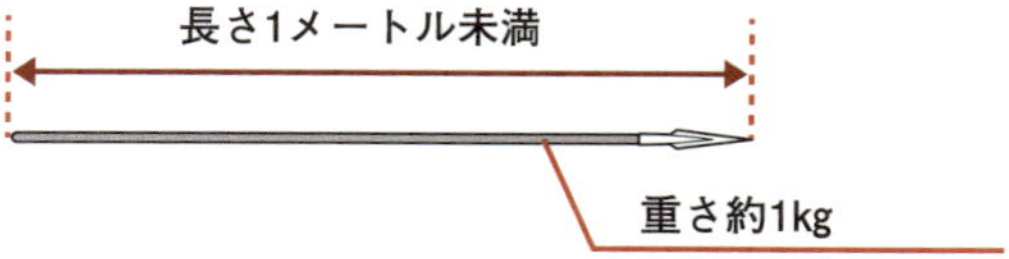
長さ1メートル未満
重さ約1kg

スピアスローワーとは?

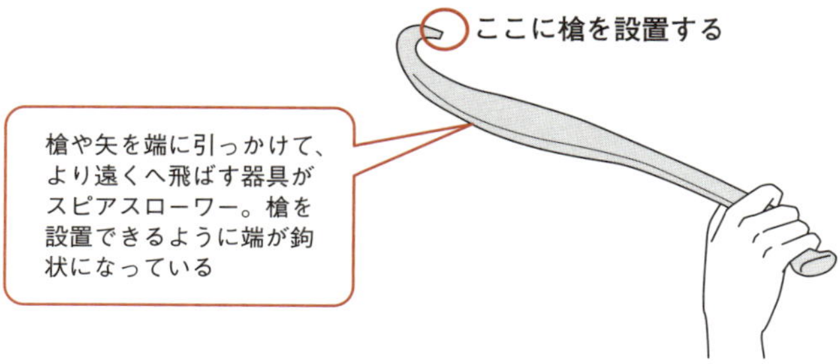
ここに槍を設置する
槍や矢を端に引っかけて、より遠くへ飛ばす器具がスピアスローワー。槍を設置できるように端が鉤状になっている

関連項目

●原始的投石器の登場→No.003

No.022

スピードを重視した古代エジプトの戦車

戦場の花形である戦車は、各国で発展したが、エジプトでは他国と違い、スピードが重視されて発展した。そしてエジプトの戦車は軽量化が進められていき、小回りが利くなど独自の発展を見せた。

●スピードを重視したエジプトの戦車

エジプトの戦車は、シリア・パレスチナ地方からやってきたヒクソス人が伝えたといわれている。エジプトに伝わったときには、すでに軍用戦車だったようで、戦車隊はすぐに軍隊の主要兵器となった。

古代エジプトで使われた戦車は、ほかの国とは違う方向に発達した。各国が攻撃力を重視するなか、**エジプトではスピードが重視**され、改良が施されていったのである。

エジプトでは、戦車は主に弓兵の投射台としての役割を果たしており、そのためヒッタイトのように盾兵が戦車に乗り込むことはなかった。とにかくスピード偏重の戦車で、軽量化が進んだ。

エジプトの戦車は4本スポークの小さな車輪が主流で、2頭引きの2人乗り。乗り込む兵士たちも軽装で甲冑《かっちゅう》などは着用しない。敵陣に突っ込んでいっても、陣内で味方同士が衝突したり列を乱すこともなく、即座に反転して戻ってくることもできた。また、そのスピードは敵の弓兵からも狙われにくく、兵士の生存率も高かったという。

ただし、その代わりに、安定性や耐久性は、他国の戦車よりもかなり劣っていた。そのため、戦車の量産が必要だったり、戦車を修理させる作業班を戦場に同行させたりする必要があったため、戦費はかさんだ。

その後、6本スポークの車輪を使った戦車も作られたが、軽量化はさらに進み、重さ34キロほどの軽い戦車も現れた。時代が下ると盾兵が乗り込み、甲冑や馬衣《うまぎぬ》も使いはじめるようになり、エジプトでも戦車部隊は戦場の重要な位置を占めるようになった。実際、メギドの戦い（紀元前1457年）では1000両強、カデシュの戦い（紀元前1285年）では2000両もの戦車が使われている。

エジプトへの戦車の伝来

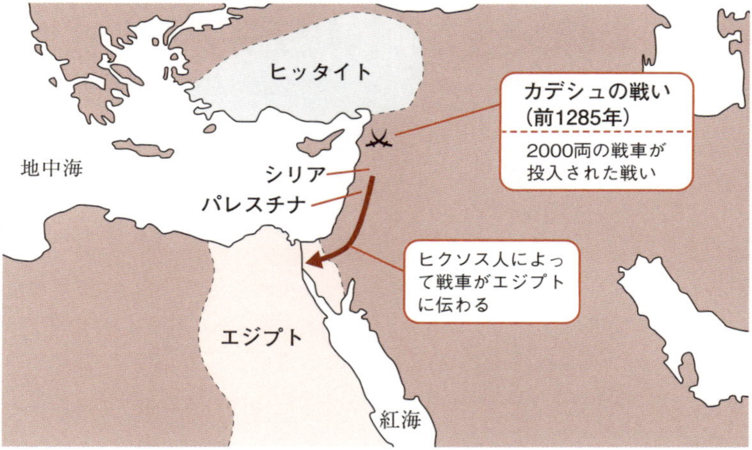
ヒッタイト
カデシュの戦い
(前1285年)
2000両の戦車が
投入された戦い
地中海
シリア
パレスチナ
ヒクソス人によって戦車がエジプトに伝わる
エジプト
紅海

エジプトの戦車の形状

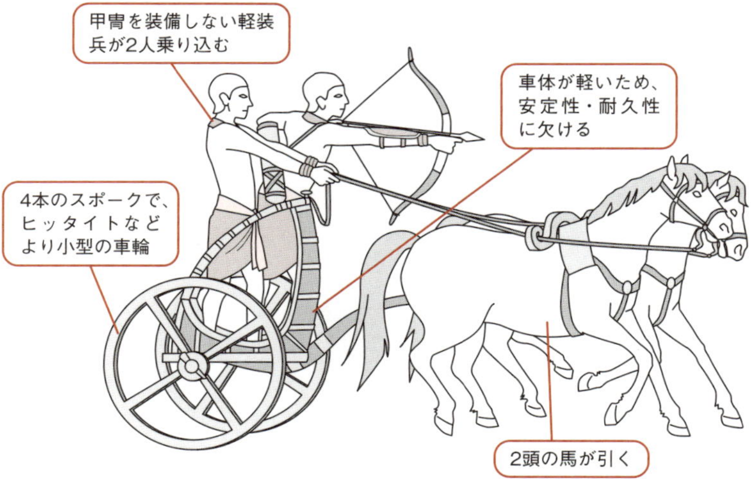
甲冑を装備しない軽装兵が2人乗り込む
車体が軽いため、安定性・耐久性に欠ける
4本のスポークで、ヒッタイトなどより小型の車輪
2頭の馬が引く

関連項目

●戦車の起源　バトル・カー→No.005
●世界最古の戦車戦　カデシュの戦い→No.026

No.023

3000年前から使われていたアッシリアの戦車

紀元前10世紀という古くから戦車を使っていたアッシリア。当初は戦場までの交通手段として使われていたが、しだいに兵器化し、さらに重量化していった。

●しだいに重量化されたアッシリアの戦車

戦車は各国で使われ、国ごとに特徴を変えて作られた。アッシリアでは、いつ頃から戦車が使われはじめたかはわからないが、紀元前10世紀頃のレリーフには、戦場を疾駆《しっく》する戦車が描かれている。アッシリアの戦車は、当初、身分の高い人間が戦場まで乗用するために使われており、その地位の高さで2頭引きか4頭引きかを決めていた。

それが、やがて戦場で使われるようになった。初期の頃は3頭の馬に引かせた3人乗りだった。御者《ぎょしゃ》、弓兵、盾兵の3名が乗り込み、戦場を一直線に駆け抜けて、その間に弓兵が敵陣へ矢を射るといった戦い方をしていた。

紀元前9世紀頃になると、敵の攻撃から馬を守るために、胸帯や結喉帯でとめる馬衣を馬に着せる戦車も現れた。さらに、戦車に乗る兵士たちも鎧や甲冑を着込むようになって重みが増し、戦車の機動力は低下する。

この頃には、それまで**4本のスポークで作られていた車輪が、8本のスポークで作られるようになり大型化**し、車体はさらに重くなった。そのため、4頭引きの戦車が主流となった。

その後、紀元前7世紀に入ると、車輪はますます大きくなり、車高も高くなった。盾兵が1人増えて4人乗りになり、機動性はさらに低下した。そのため、兵士や馬の防御力も重要視されるようになり、兵士たちはブーツをはいてすね当てを着用した。馬衣も厚手の布で丈夫に作られるようになった。

ただ、馬の操縦技術は発達し、この頃になると御者だけでなく、兵士たちも手綱を握っていた。

アッシリアの戦車の進化

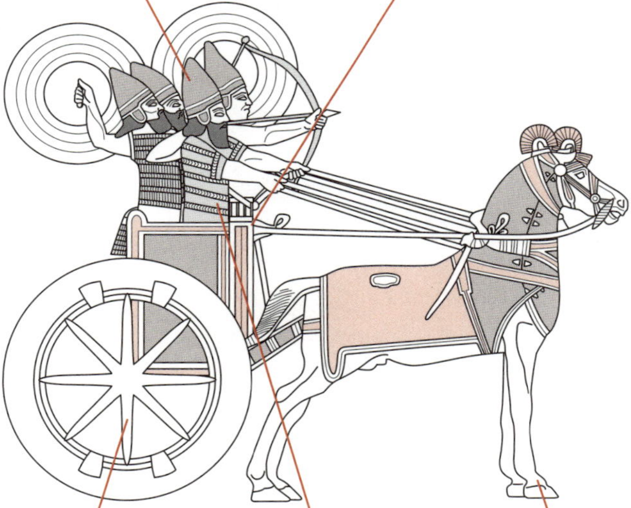
進化 ①
初期の頃は御者、弓兵、盾兵の3人乗りだったが、前7世紀になり盾兵が1人増えて4人乗りとなる
進化 ②
時代を経るにしたがって車高が高くなった
進化 ③
車輪は当初、4本のスポークで作られていたが、のちに8本のスポークになった
進化 ④
前9世紀になって、乗り込む兵士たちは鎧や甲冑を着込むようになった
進化 ⑤
戦車を引く馬の数は3頭→4頭へと変わった。また、前9世紀になって馬には胸帯や結喉帯でとめる馬衣を着せるようになった

関連項目

●戦車の起源　バトル・カー→No.005
●古代ギリシアとその他各国の戦車の形態→No.025

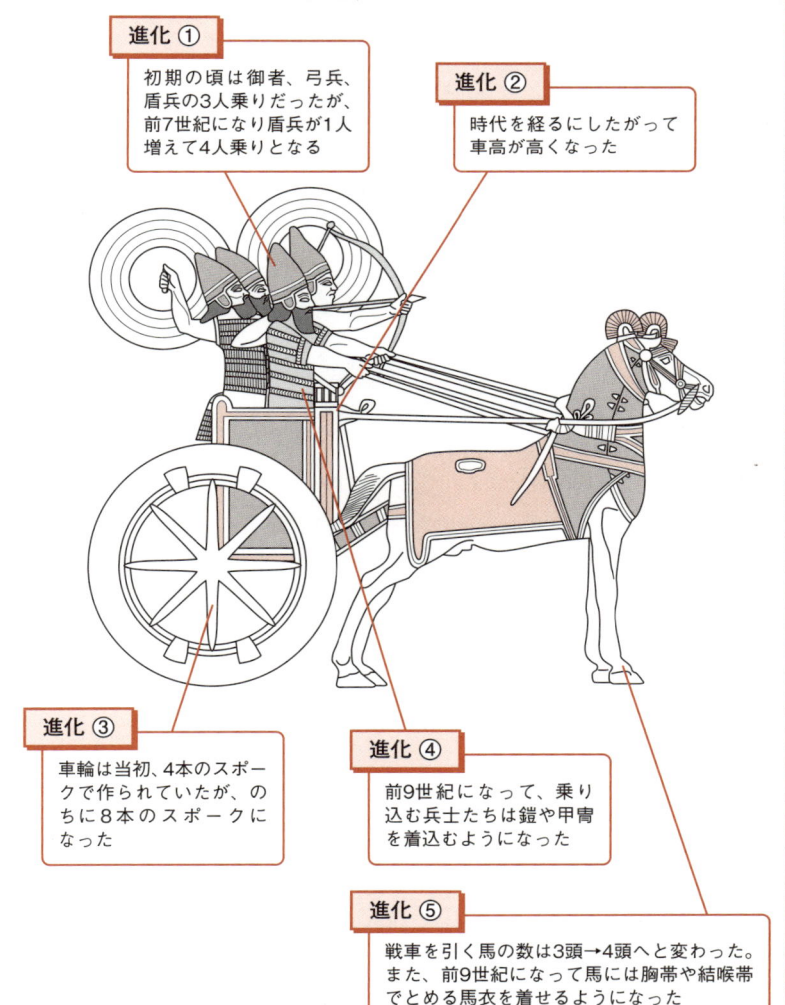

No.024

他国とはひと味違う古代ペルシアの戦車

地中海世界に一大帝国を築いたペルシア帝国でも、もちろん戦車は使われており、そこでは「鎌戦車」と呼ばれる戦車が登場した。しかし、戦場ではあまり有効な兵器ではなかったようだ。

●他国に類を見ない戦車・鎌戦車

戦車がさまざまな形で発展していくなかで、古代ペルシアに珍しい戦車が登場した。それが**鎌戦車**である。

鎌戦車は、紀元前401年のクナクサの戦いで、初めて戦場に姿を現した。古代ペルシアと古代ギリシアとの戦いにギリシア側として参戦したことのあるクセノフォンという歴史家が、鎌戦車について記述している。

それによると、鎌戦車は4頭引きの重量戦車で、両輪の車軸の端に1メートルほどの長刀状の剣が設置されており、すれ違いざまに相手を斬り飛ばす仕組みになっている。さらに、車軸（あるいは車体）の下にもいくつか剣が取りつけられており、戦車の下に倒れ込んだ敵兵を殺せるようになっていた。両輪から突き出た剣が、鎌のように見えることから鎌戦車と呼ばれた。

鎌戦車は、全速力で敵陣に突っ込み、不意を突かれた相手の陣を乱して、その機に乗じて後続部隊がいっせいになだれ込む、という構想だったらしいが、うまく事が運ぶことはほぼなかったといわれる。

というのも、鎌戦車の風貌は戦場で目立ちすぎた。したがって、敵方は戦場に到着すると同時に鎌戦車を見つけることになる。そうすれば、機動性もなく直進することしかできない鎌戦車を避けるのは、多少なりとも訓練された軍隊であれば、さして難しいことではなかった。

それでもペルシアは、何度か鎌戦車を戦場に投入している。紀元前331年のガウガメラの戦いでは、200両もの鎌戦車を用意したが、アレクサンドロス大王率いるマケドニア軍には通用しなかった。ただ、古代ペルシアが鎌戦車だけを使っていたわけではなく、1人乗りの2輪戦車チャリオットも使用しており、チャリオットはしっかり戦果をあげていた。

鎌戦車の特徴

戦車は各国でさまざまな発展をみせたが、古代ペルシアに現れた戦車は鎌戦車という珍しい形態をしていた。

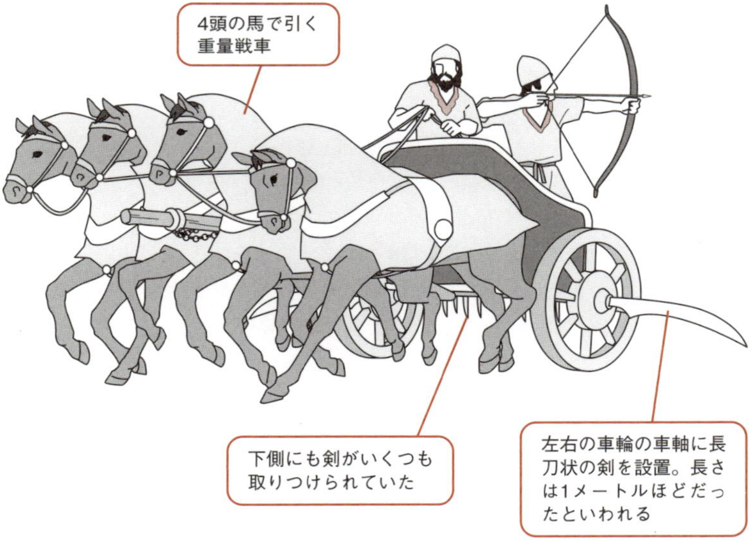
4頭の馬で引く
重量戦車
下側にも剣がいくつも
取りつけられていた
左右の車輪の車軸に長
刀状の剣を設置。長さ
は1メートルほどだっ
たといわれる

鎌戦車のデメリット

✖ デメリット①

相手の不意をついて敵陣を乱すという戦略だったが、鎌戦車の風貌は目立ちすぎたため、敵軍は戦場に到着すると同時に鎌戦車を見つけることができた。

✖ デメリット②

鎌戦車は機動性に劣り、直進することしかできなかったため、敵軍に見つけられるとすぐに逃げられてしまった。

関連項目

●戦車の起源　バトル・カー→No.005
●古代ギリシアとその他各国の戦車の形態→No.025

No.025

古代ギリシアとその他各国の戦車の形態

戦車の発明者といわれるシュメール、地中海世界に覇を唱えた古代ギリシア地方、メソポタミアに栄えたヒッタイト、古代エジプトに流れ着いたペリシテ人なども戦車を活用した。彼らが使った戦車とは？

●その他のヨーロッパ諸国の戦車の使い方

アッシリア、ペルシア、エジプト以外の国でも、戦車は戦場の花形だった時代があった。なかでも、戦車の発明者といわれることもあるほど古くから戦車を使っていたのが、メソポタミアに現れたシュメールである。

シュメールの戦車は、戦闘用というより輸送用に使われていた。当時の戦車の車輪にはスポークは使われておらず、丸くくりぬいた木などが使われていた。そして馬ではなく、4頭のロバに戦車を引かせていた。

シュメールと同じように、戦車を輸送用に使っていたのが、ミュケナイ時代のギリシアである。ギリシア周辺の土地は起伏が激しく、戦車を戦場で疾駆させるような環境になく、ミュケナイ時代に限らず、ギリシア周辺では戦車戦は発展しなかった。

ミュケナイ時代の戦車は、2頭引きの2輪戦車で、御者と弓兵が乗った。彼らは、戦車で戦場までやってきて、敵の直前で戦車を降りて歩兵として戦った。そして、戦場から離脱するときには、また戦車に乗って自陣まで帰っていくのである。

現在のトルコ近辺に栄えた**ヒッタイト**では、2頭引きの3人乗り（御者1人、兵士2人）の2輪戦車が使われた。車輪にスポークを用いたのはヒッタイトが最初だったともいわれる。また、それまで車体の中央付近にあった車軸を後方に設置したのも彼らだったという。

ほかにも、バビロニアや中国、エジプトに流れてきたペリシテ人なども戦車を戦場に投入していた記録が残されている。ペリシテ人の戦車は2頭引きの3人乗りで、他国のものよりも車体が小さく、部品の一部には鉄が使われていたとされる。

シュメールの戦車の形状

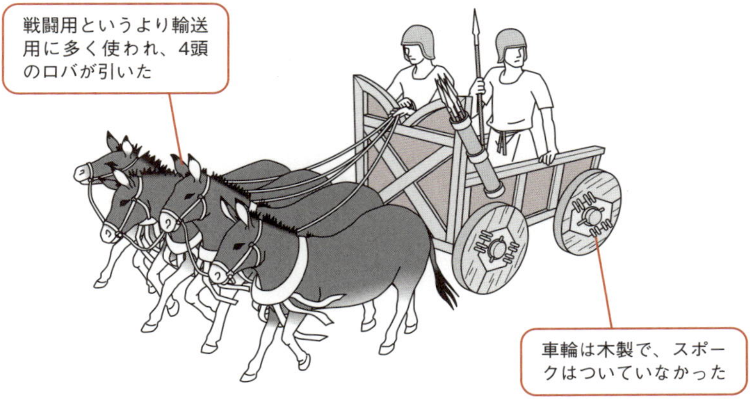
戦闘用というより輸送用に多く使われ、4頭のロバが引いた
車輪は木製で、スポークはついていなかった

ヒッタイトの戦車の形状

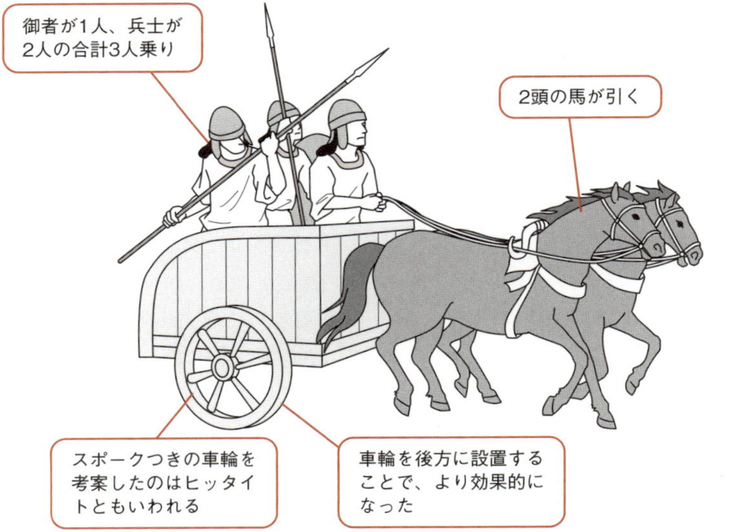
御者が1人、兵士が2人の合計3人乗り
2頭の馬が引く
スポークつきの車輪を考案したのはヒッタイトともいわれる
車輪を後方に設置することで、より効果的になった

関連項目

●戦車の起源　バトル・カー→No.005
●3000年前から使われていたアッシリアの戦車→No.023

No.026

世界最古の戦車戦　カデシュの戦い

紀元前1285年に中近東の覇権をかけて戦われたカデシュの戦いは、世界最古の戦車戦として知られる。戦場には、重厚な戦車という兵器が両軍合わせて5500両も集まり、激突した。

●両軍合わせて5500両の戦車が激突

戦車が戦場でもてはやされた時代、詳細に記録が残されている戦いがある。それが、**世界最古の戦車戦といわれるカデシュの戦い**である。カデシュの戦いは、大量の戦車を戦場に投入し、かつ戦術を用いて戦ったとして有名である。

この戦いは、紀元前1285年に勃発した、エジプトとヒッタイトとの争いである。このとき戦場に投入された戦車の数は、エジプト軍2000両、ヒッタイト軍3500両といわれている。5500両もの戦車が戦場を疾走していたことになる。

紅海を挟み、地中海沿岸にあるヒッタイトの要塞カデシュが戦場となった。エジプト軍は、国王ラムセス2世が自ら指揮を執り、ヒッタイト軍も国王ムワタリシュが最前線で指揮を執った。

ヒッタイト軍が、カデシュ目指して前進してくるエジプト軍への奇襲に成功し、エジプト軍は混乱に陥った。しかし、ラムセス2世は果敢に戦いながら冷静に戦局を眺め、ヒッタイト軍の比較的戦力の弱い部隊を見抜き、戦車隊一隊だけを率いて（といっても500両からなる大部隊である）、そこへ反撃を集中した。ムワタリシュは、1000両から成る予備の戦車隊をラムセス2世率いる戦車隊に突撃させるが、そこにエジプト軍の援軍ナールナ兵が現れ、エジプト軍宿営で暴れ回るヒッタイト軍を蹴散らし、さらに遅れて戦場にやってきたエジプト戦車隊の一隊が合流したことで、ヒッタイト軍はついに敗走した。しかし、エジプト軍の損害も大きく、ラムセス2世はカデシュ攻略をあきらめて撤退した。

結局、この戦いは両者痛み分けとなり、史上初の講和条約を結んで戦争は終結した。

ガデシュの戦い

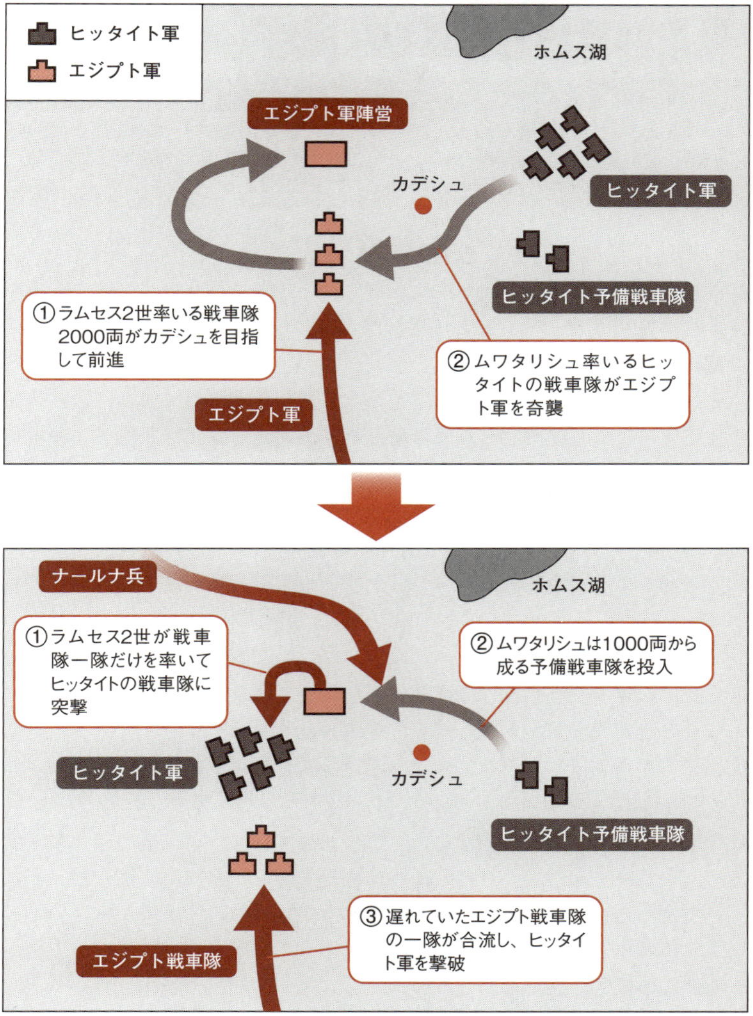
ヒッタイト軍
エジプト軍
ホムス湖
エジプト軍陣営
カデシュ
ヒッタイト軍
ヒッタイト予備戦車隊
①ラムセス2世率いる戦車隊2000両がカデシュを目指して前進
②ムワタリシュ率いるヒッタイトの戦車隊がエジプト軍を奇襲
エジプト軍
ナールナ兵
ホムス湖
①ラムセス2世が戦車隊一隊だけを率いてヒッタイトの戦車隊に突撃
②ムワタリシュは1000両から成る予備戦車隊を投入
ヒッタイト軍
カデシュ
ヒッタイト予備戦車隊
③遅れていたエジプト戦車隊の一隊が合流し、ヒッタイト軍を撃破
エジプト戦車隊

関連項目

●スピードを重視した古代エジプトの戦車→No.022
●戦車部隊はどのような陣形で戦ったか？→No.027

No.027

戦車部隊はどのような陣形で戦ったか？

戦車は戦争の主力兵器として、常に陣形の最前線に配された。お互いに横一線に戦車を並べ、戦車部隊同士が向き合う形で布陣。歩兵部隊や投擲部隊は後方支援にまわった。

●一直線に敵陣に切りこむ戦車部隊

古代の戦車は、急な方向転換は難しく、いってみれば猪突猛進《ちょとつもうしん》に戦場を駆け抜けるだけで、相手とすれ違いざまに車上の兵士が矢を射たり、槍で攻撃したりするのが普通だった。

それでも戦車部隊は戦場で重宝された。ただ、大部隊を戦場に送り込んで使用するには、**体系立った陣形や戦術が必要だった。**好き勝手に戦車が戦場を駆けめぐっては、なにより味方同士衝突する危険性があったからだ。

たいていの場合、戦車部隊は戦車同士の衝突を避けるため、一定の間隔（車両の長さくらいか）を空けて横一列に並べられ、最前線に配置された。敵方も同じような布陣で臨むので、お互いの戦車部隊が向かい合う形になる。

そして、両軍ともにいっせいに敵陣目がけて突進を開始し、一直線に敵陣を駆け抜ける。その後、部隊全体が反転して再び敵陣に切り込んでいく。

こうした突撃を何度も繰り返し、敵陣が乱れた頃を見計らって、投擲部隊が後方から支援しながら、歩兵隊が白兵戦を繰り広げるのである。

紀元前1457年のメギドの戦いでは、古代エジプト軍と、エジプトに反旗を翻したカナン軍とが激突した。このときエジプト軍は最前線に戦車部隊を配置し、戦端が開かれると同時に戦車部隊が一直線に突撃した。そして、混乱したカナン軍に目がけて戦車部隊から無数の矢が放たれた。エジプト軍の戦車部隊の威容と勢いに押されたカナン軍の士気は低下し、またたく間に敗走したという。

紀元前331年に勃発したガウガメラの戦いでは、ペルシア軍が鎌戦車部隊を3つに分けて、最前線に配置させてマケドニア軍に対峙している。

戦車部隊の陣形

戦場で重宝された戦車部隊は、それぞれが好き勝手に暴走しては同士討ちの危険もあったため、体系だった陣形が必要とされた。

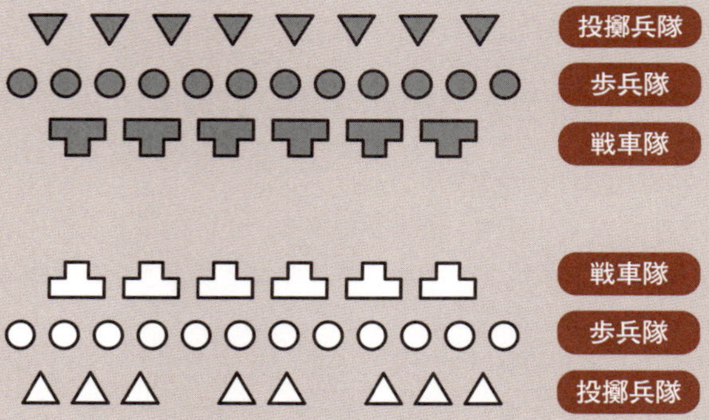
投擲兵隊
歩兵隊
戦車隊
戦車隊
歩兵隊
投擲兵隊

戦車部隊は最前線に投入され、横一列に並べられた。戦車部隊の後方に歩兵隊や投擲兵隊が控える。相手方も同様の布陣をとったため、戦車部隊同士が相対するかっこうとなる。

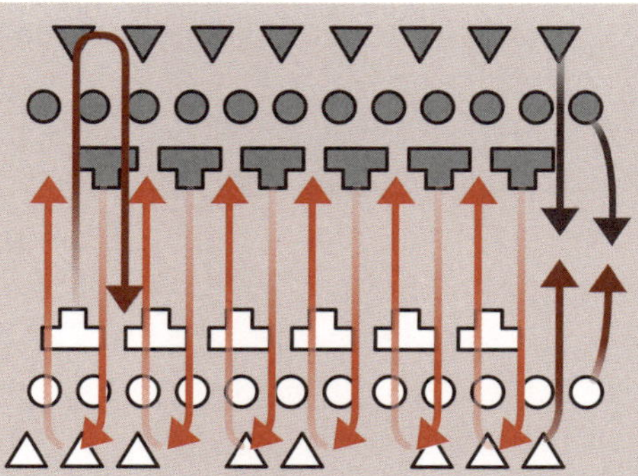

敵陣目がけて一直線に突進する戦車部隊は、敵陣に切り込んだあと部隊全体が反転して、さらに敵陣をかき乱す。こうした突撃を何度も繰り返しながら、すきをついて後方部隊が白兵戦を仕掛けた。

関連項目

●他国とはひと味違う古代ペルシアの戦車→No.024
●世界最古の戦車戦　カデシュの戦い→No.026

No.028

海上兵器として活躍した三段櫂船とは

古代の戦いも陸上だけでなく海上でも行われた。海上での主力兵器として活躍したのが、ガレー船と呼ばれる軍船である。なかでも、スピードに優れた三段櫂船の発明は画期的であった。

●中世まで使われ続けた戦艦

フェニキア人が発明したガレー船は、いわゆる二段櫂船《かいせん》だった。その製法を入手し、ギリシアの**アテナイで建造されたのが、三段櫂船**である。

三段櫂船の最大の特徴は、とにかく速いことである。人力で動かす当時の船は、漕ぎ手を増やせば速くなるのが道理で、三段櫂船は最大170名の船員が乗り込み、乗組員の85パーセントが漕ぎ手だった。その結果、最大７ノット（時速約11キロ）で走行したとされる。マストも設置されてはいたが、戦闘時は速度を出すためにしまわれるのが普通だった。

三段櫂船は、櫂を漕ぐ座席を上下三段に備えることで、スピードアップが可能になった。当初は一列状の三段だったが、これでは船体が非常に高くなってしまい安定性に欠けたため、漕ぎ手を交互に座らせるような構造に変わった。また、各列の位置を斜めにずらす方法もある。

ギリシアの三段櫂船はトライレムとも呼ばれ、長さ36メートル、幅6メートルと、かなり細長い船体をしており、帆先には衝角《しょうかく》を備えていた。

当時の海戦では、体当たりで敵艦を大破するか、横づけにして白兵戦に持ち込むか、どちらかの戦法が取られた。そのためスピードが大切で、三段櫂船はその点でもっとも優れた戦艦だった。

しかし、三段櫂船は建造に莫大な費用がかかり、また、漕ぎ手の鍛錬も必要なことから、どこの国でも簡単に使えたわけではない。フェニキア人が船の建造に多大な貢献をしたものの、海軍という組織をもてなかったのはそうした理由によるものである。

その後、三段櫂船はペルシア帝国海軍の主流となり、中世にガレアス船が開発されるまで海戦で活躍し続けたのである。

当時の三段櫂船

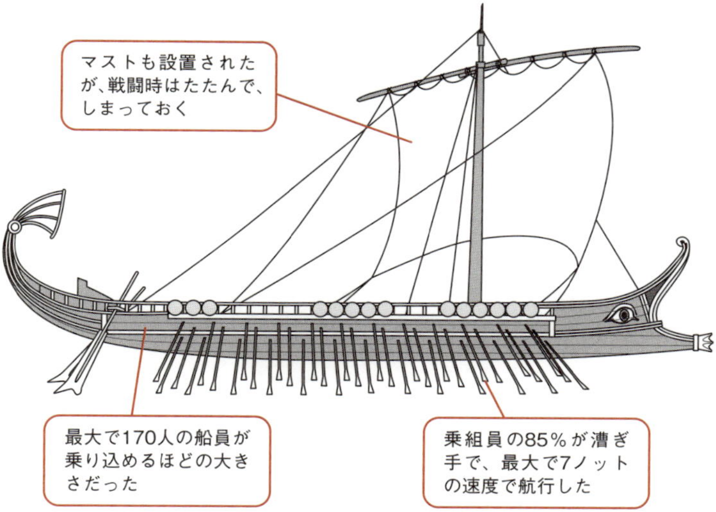
マストも設置されたが、戦闘時はたたんで、しまっておく
最大で170人の船員が乗り込めるほどの大きさだった
乗組員の85%が漕ぎ手で、最大で7ノットの速度で航行した

三段櫂船の構造

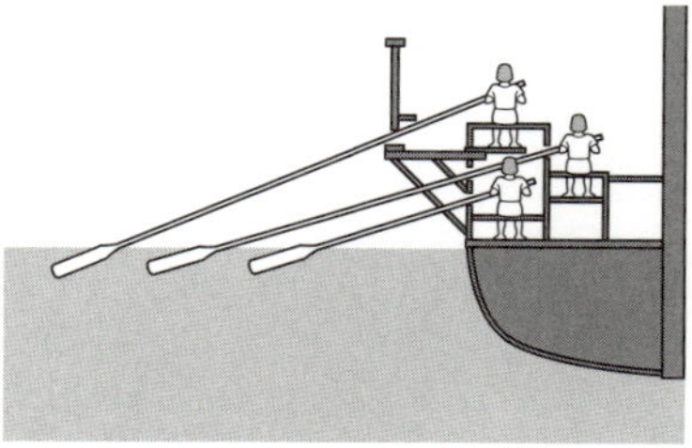

▲ 交互に座る構造

当初は一列状に三段にして漕いだが、これでは船体が非常に高くなって安定性を欠いたため、漕ぎ手を交互に座らせて船体をなるべく低くするような構造に変わった

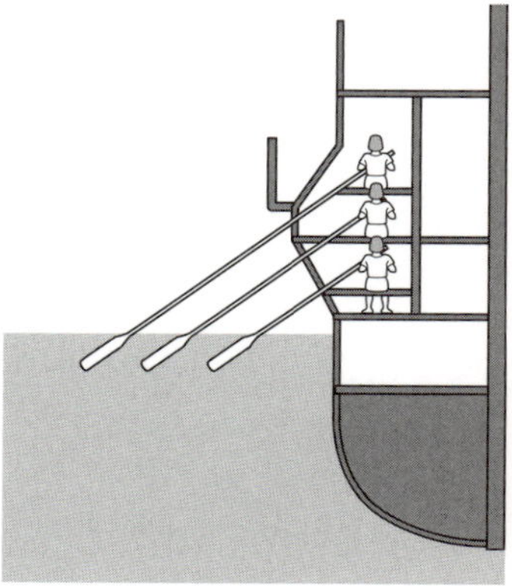

▲ 一列状に三段にした場合

関連項目

●海上兵器「ガレー船」の発達→No.011
●三段櫂船の発展型・五段櫂船の登場→No.032

No.029

海上の戦いを有利にするための兵器・衝角とは

海上での戦いでは、船同士のぶつかり合いになることがほとんどで、そのためにはより敵船にダメージを与えることが重要となる。そこで発明されたのが衝角である。

●敵の船に体当たりするための兵器

火器のなかった古代の海戦において、敵艦を破壊するには体当たりするよりほかなかった。そのために発明された兵器が、**衝角**《しょうかく》である。衝角を発明したのがどの国なのかはわかっていないが、おそらく古代ギリシアか古代ローマだと考えられている。

衝角とは、船の舳《へ》先《さき》に取りつける先の尖った兵器で、敵艦に体当たりして船体に穴をあけて転覆させることができた。たいてい金属で作られており、主にガレー船に設置されて猛威をふるった。

衝角をつけて体当たりをすると、自分の船体にも相当のダメージがあるため、船を建造するにあたっては、衝角攻撃の激しいショックに耐えられる船造りが求められた。とくにギリシアでは衝角による突撃が好んで使われ、正面から突撃を敢行する部隊と、回り込んで敵の後方から衝角をぶち当てる部隊がおり、戦場ではこの２つの部隊が敵陣をかき乱した。ローマのガレー船には、衝角のほかに石造りに見せかけた木製の塔が設置され、兵士はこれにより敵船から放たれる矢や投石弾などの攻撃から身を守った。

また、エジプトのガレー船はローマやギリシアのそれとは違い、衝角をやや上向きに設置していた。これは、敵船を破壊するより沈没させることに主眼を置いていたためで、喫水《きっすい》線よりはるかに高い位置を突くためのものだった。

ほかにも、敵船に突撃したあとに取り外すことができる衝角もあった。

衝角を有効に使うためにはスピードとタイミングが重要で、漕ぎ手の練度がそのまま戦力差になった。衝角を携えたガレー船が活躍した戦いとしては、紀元前480年に勃発したサラミスの海戦などが有名である。

衝角の設置

火器のなかった古代という時代では、艦船同士での戦いを有利にするために「衝角」という兵器が開発された。

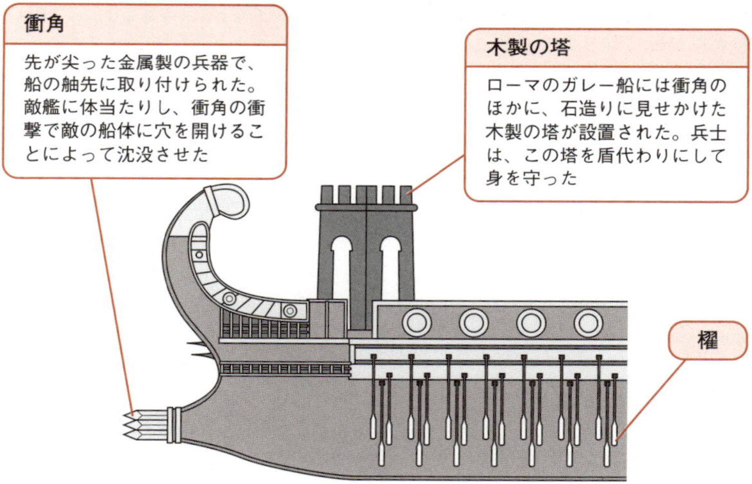
衝角
先が尖った金属製の兵器で、船の舳先に取り付けられた。敵艦に体当たりし、衝角の衝撃で敵の船体に穴を開けることによって沈没させた
木製の塔
ローマのガレー船には衝角のほかに、石造りに見せかけた木製の塔が設置された。兵士は、この塔を盾代わりにして身を守った
櫂

エジプトの衝角攻撃

エジプトの海軍は、ローマやギリシアよりも高い位置に衝角を設置していた。これにより、喫水線よりはるかに高い位置を突くことができた。

関連項目

●海上兵器「ガレー船」の発達→No.011
●海上兵器として活躍した三段櫂船とは→No.028
●衝角戦法、ペリプルスとディエクプルス→No.030
●三段櫂船の発展型・五段櫂船の登場→No.032

No.030

衝角戦法、ペリプルスとディエクプルス

衝角を船に取りつけても、ただ体当たりすればいいわけではない。その兵器を有効に使うための陣形がペリプルスとディエクプルスである。ここでは、ふたつの陣形を解説していく。

●衝角を有効に使うための戦法

衝角《しょうかく》をつけた戦艦が海戦での勝利の立役者となった最初の記録は、紀元前535年（または紀元前540年）のアラリアの海戦である。これは、カルタゴとエトルリアが連合し、海賊じみた蛮行を繰り返すギリシア植民市のアラリアと戦った海戦である。

当時、ギリシアの各ポリスは海軍を増強しており、カルタゴ・エトルリア軍の海軍をはるかに上回っていた。そのひとつが、衝角を効果的に使う戦法だった。

衝角船戦法には2通りあり、まず**古典的な陣形がペリプルス**である。ペリプルスは「回り込む」という意味だ。これは、文字どおり相手の側面に回り込んで、敵艦の側面に衝角をもって体当たりをする。ペリプルスは、簡単かつ迅速に戦闘を終わらせることもできたので、ギリシアだけでなく、カルタゴでも採用されていた。

もうひとつの戦法がディエクプルスだ。これは、当時ギリシアだけが使っていた画期的な戦法だった。自軍艦隊を縦陣に組み、敵陣へ強行突入のごとく突撃し、敵艦の櫂《かい》に損害を与えて敵陣内で反転、混乱する相手の後方から衝角をもって体当たりをかます。

ディエクプルスは「完全突破」を意味し、この戦法を成功させるには高度な操縦技術が必要であり、かなりの鍛錬が必要だった。また、機動性の高い艦船を、組織的に指揮する能力も必要だった。

紀元前535年、古代ギリシアの都市のひとつアラリアは、ディエクプルスを駆使して、2倍近い軍船で対抗したカルタゴ・エトルリア連合軍を見事に敗走させた。

戦術①ペリプルス

衝角船戦法の古典。相手の側面に回り、敵艦の側面に体当たりして衝角で沈没させる。敵艦より先に行動に移る必要がある。

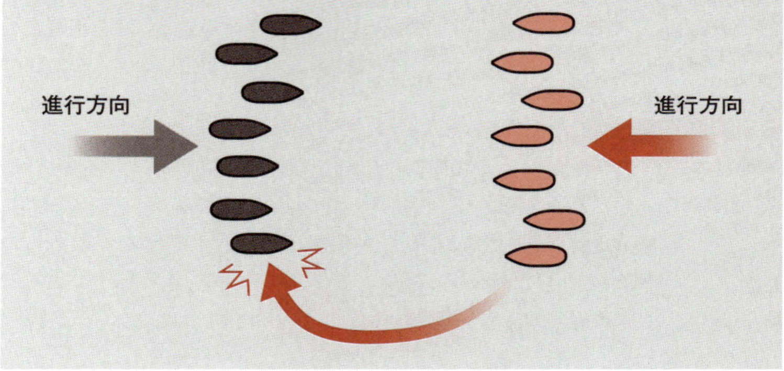
進行方向
進行方向

戦術②ディエクプルス

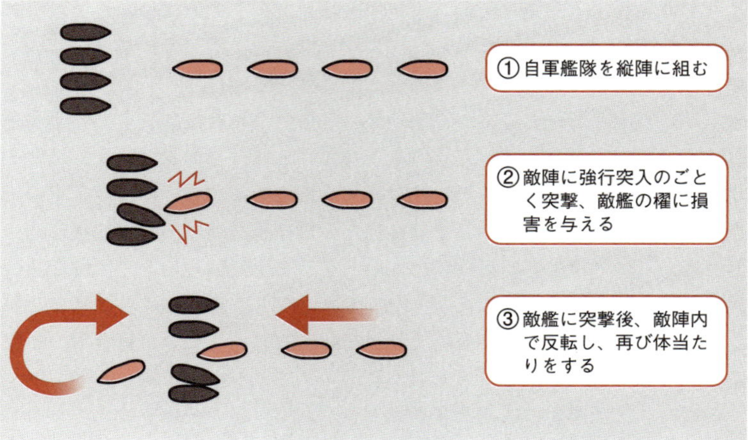
①自軍艦隊を縦陣に組む
②敵陣に強行突入のごとく突撃、敵艦の櫂に損害を与える
③敵艦に突撃後、敵陣内で反転し、再び体当たりをする

関連項目

●海上兵器「ガレー船」の発達→No.011
●海上の戦いを有利にするための兵器・衝角とは→No.029
●三段櫂船の代表的な戦い・サラミスの海戦→No.031
●三段櫂船の発展型・五段櫂船の登場→No.032

No.031

三段櫂船の代表的な戦い・サラミスの海戦

紀元前480年に起こったサラミスの海戦は、三段櫂船同士による最初の大規模海戦である。この戦いは、衝角という兵器を身につけた海戦兵器と海戦兵器の戦いであった。

●三段櫂船同士の代表的な戦い・サラミスの海戦

現在のイランからエジプト北部までを制圧し、古代オリエントを統一した大国ペルシア（アケメネス朝）は、いよいよ地中海世界への侵攻を開始した。そして紀元前480年、ギリシアの各都市、アテナイ・スパルタ・アイギナ・カルキス・ナクソスらは連合を組み、ペルシアの大軍をサラミス島沖のサラミス水道で迎え撃った。

このサラミスの海戦では、両軍の三段櫂船が存分に暴れまわった。ギリシア連合軍の三段櫂船の数は366隻、ペルシア軍にいたっては1200隻にも及んだ。どちらも海軍としての組織は完成していたが、三段櫂船の質という点では、船建造の第一人者であるフェニキア人を味方につけたペルシア軍に軍配が上がった。すなわち、ペルシア軍の三段櫂船は、ギリシアのそれより軽量に作られており、スピードにも勝っていた。

三段櫂船はスピードに重点を置いているため、たとえば船上で兵士が槍を投げるために重心を後ろに傾けるだけでバランスを崩してしまうほどデリケートな船であったが、それに対応するための訓練も、ペルシア軍のほうが徹底されていた。つまり、ギリシア連合軍は絶対的に不利な状況にあった。しかし、サラミスの海戦は、狭いサラミス水道にペルシア艦隊を誘い込んだギリシア軍の勝利に終わった。大軍を擁して意気揚々と水道に突撃したペルシア艦隊は、狭い海峡で動きを封じられ、ギリシア連合軍の挟撃にあってなす術もなかったのである。

これは、三段櫂船の弱点とメリットを、双方うまく使い分けたギリシア連合軍の戦略勝ちであった。猛威をふるった三段櫂船の弱点とは、潮流に左右されてしまうことにある。自国の庭でもあるサラミス水道の潮流を読む技術は、ギリシア連合軍に一日の長があったのだ。

サラミスの海戦

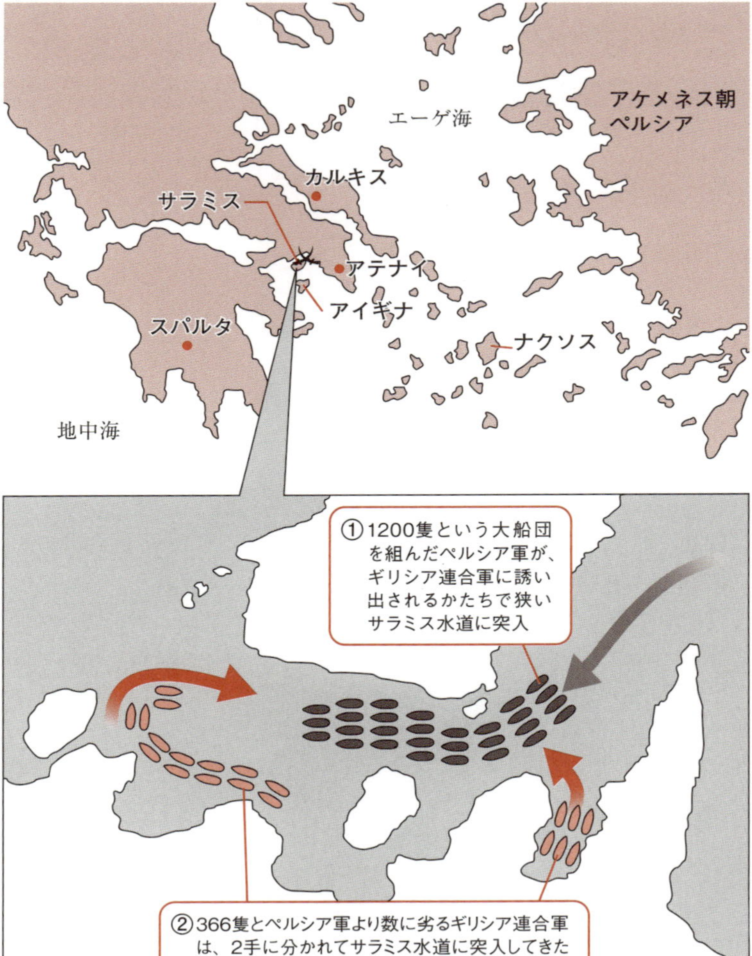
エーゲ海
アケメネス朝
ペルシア
カルキス
サラミス
アテナイ
アイギナ
スパルタ
ナクソス
地中海
①1200隻という大船団を組んだペルシア軍が、ギリシア連合軍に誘い出されるかたちで狭いサラミス水道に突入
②366隻とペルシア軍より数に劣るギリシア連合軍は、2手に分かれてサラミス水道に突入してきたペルシア軍を挟撃し、これを敗走させた

関連項目

●海上兵器「ガレー船」の発達→No.011　●海上の戦いを有利にするための兵器・衝角とは→No.029
●海上兵器として活躍した三段櫂船とは→No.028

No.032

三段櫂船の発展型・五段櫂船の登場

三段櫂船が海上の覇者となると、それよりも大きなものを、と考えるのが自然である。そこで登場したのが五段櫂船だ。乗組員を含めて420名が乗り込む大型軍船が、海上に乗り出した。

●三段櫂船を大型化した軍船

三段櫂船が海上を席巻すると、それは当然のようにそれ以上の性能を有した艦船の開発へとつながった。それが、紀元前4世紀〜前3世紀頃、カルタゴに現れた**五段櫂船**である。

五段櫂船の建造は、海での戦いが多くなり、船に投石器を搭載する必要性が増し、三段櫂船ではその重さに耐えられなくなったことがきっかけと考えられている。マケドニアではアレクサンドロス大王の死後すぐくらいに、艦船の大型化が進んでいたともいわれる。

海戦で効果的に五段櫂船を操ったのはカルタゴだった。五段櫂船は、420名の人員を収容できるほど巨大で、そのうち300名が漕ぎ手となった。

五段櫂船は、櫂座《かいざ》が五段あるわけではなく、2本のオールを5人がかりで漕ぐ（5人で1本のオールを漕ぐこともあった）という意味である。

その後、紀元前3世紀になって、カルタゴと対峙することになるローマが、カルタゴから拿捕《だほ》した五段櫂船を手本に自国で建造するようになった。ローマの五段櫂船には、軽量だが投石器が設置された。そのため、カルタゴのそれよりもスピードで劣勢となった。

これは、海軍としての鍛錬がカルタゴに及ばないことを自覚したローマ人が、操舵《そうだ》技術でかなわない代わりに、別の兵器を用意した結果だった。こうして投石器を搭載したローマ軍の艦船に衝角は不必要なものとなった。

五段櫂船は三段櫂船とともに海戦にはなくてはならない海上兵器となり、ローマ海軍は三段櫂船による衝角攻撃と五段櫂船による投石攻撃という二重の攻撃方法で、やがて地中海の覇者へとのし上がっていくのである。

五段櫂船の仕組み

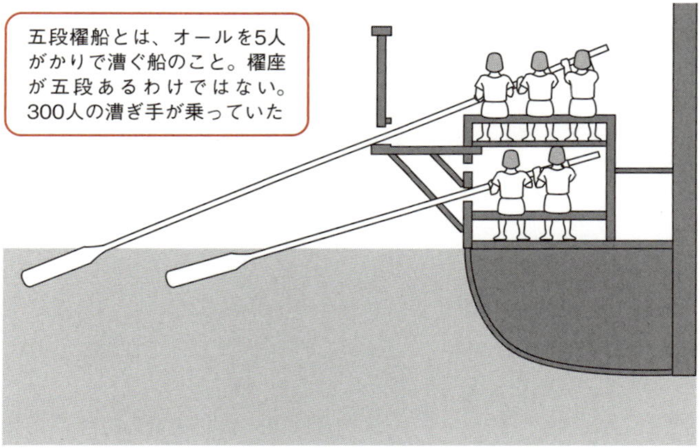
五段櫂船とは、オールを5人がかりで漕ぐ船のこと。櫂座が五段あるわけではない。300人の漕ぎ手が乗っていた

五段櫂船の特徴

1 兵器を搭載

三段櫂船よりも大型化したため、投射兵器を搭載することができるようになった。ローマの五段櫂船には軽量の投石器が設置された。

2 乗組員の増加

五段櫂船には総勢420名の人員が収容できた。そのうちの300人が漕ぎ手であったといわれる。

3 スピードダウン

漕ぎ手の数は増えたものの、大型化したうえに投石器を搭載しているため、三段櫂船よりもスピードはダウンした。

4 カルタゴとローマ

前4世紀以降、争うようになったカルタゴと古代ローマが五段櫂船を所有した。カルタゴには、最盛期には360隻の五段櫂船があったという。

関連項目

●海上兵器「ガレー船」の発達→No.011
●三段櫂船の代表的な戦い・サラミスの海戦→No.031
●ガレー船の最終型ともいえる十段櫂船の実態→No.033

No.033

ガレー船の最終型ともいえる十段櫂船の実態

三段櫂船から五段櫂船へ進化したガレー船は、古代ローマ帝国においてついに十段櫂船が建造されることによってクライマックスを迎える。十段櫂船はガレー船の最終型ともいえる軍船であった。

●ガレー船の最高峰

ガレー船は三段櫂船、五段櫂船と進化を続けた。そして、アレクサンドロス大王の死後、マケドニアで勃発した内乱時代（紀元前323年以降）には、六段櫂船、七段櫂船が建造されたともいわれている。

この巨艦主義のクライマックスは、**古代ローマが建造した十段櫂船**である。十段櫂船も、五段櫂船と同じように、ひとつの櫂を複数人（最大10人）が操縦するもので、漕ぎ手の人数が増えただけではあるが、それだけの人数を収容するためにかなりの大きさになった。

ローマ軍が建造した十段櫂船は、長さ13.7メートル、喫水2.1メートル、オールの長さは12.2メートルにも及び、漕ぎ手は約600名を必要とした。五段櫂船には2～3台の投石器が搭載されたが、十段櫂船は最大で6台の投石器を乗せることができた。

十段櫂船は、それまでのガレー船より小回りが利かないという点で機動性には劣っていたが、速力と破壊力に長けていた。紀元前31年に勃発したアクティウムの海戦で、十段櫂船が実際に使用されたとされる。

カエサルの死後、ローマは三頭政治の時代に突入し、オクタヴィアヌスとアントニウスの対立が激化した。その両者の最後の戦いがアクティウムの海戦である。このとき、五段櫂船を主力にするオクタヴィアヌス軍に対し、アントニウスは十段櫂船を数隻用意した。

十段櫂船にはハルパルゴという鉤状の銛《もり》が置かれ、これで敵艦を引っかけて白兵戦に持ち込んだり、そのまま転覆させたりした。また、巨艦を利して戦闘やぐらを作って、敵艦に向けて弩弓で射下ろした。

戦闘は一進一退だったが、アントニウスの突然の遁走《とんそう》でオクタヴィアヌス軍の勝利に終わった。

十段櫂船の仕組み

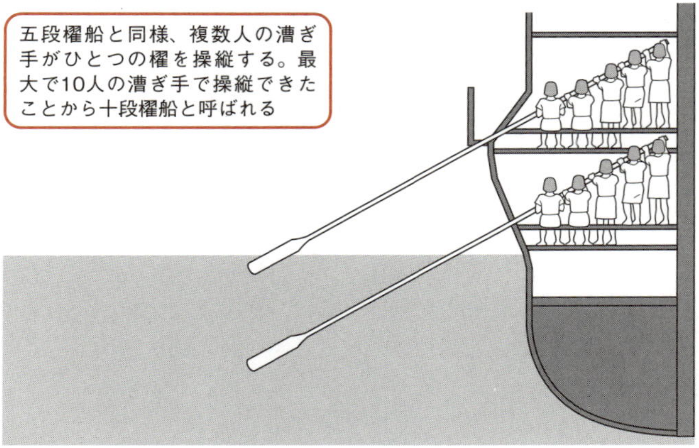
五段櫂船と同様、複数人の漕ぎ手がひとつの櫂を操縦する。最大で10人の漕ぎ手で操縦できたことから十段櫂船と呼ばれる

十段櫂船の特徴

1 非常に大きい

五段櫂船の建造以降、ガレー船は徐々に巨大化し、ついに十段櫂船の開発となった。古代ローマ軍の十段櫂船は船体の長さが13.7メートルにも及んだ。

2 小回りが利かない

漕ぎ手の人数が増えたため船体が大きくなり、それまでのガレー船に比べると機動性に劣り、小回りも利かなかった。

3 スピードがある

古代ローマ軍が建造した十段櫂船は約600名の漕ぎ手が乗り込んだため、その巨大さに似合わずスピードは速かった。

4 ハルパルゴの搭載

ハルパルゴとは鉤状の銛で、これで敵艦を引っかけて白兵戦に持ち込んだ。また、戦闘やぐらを作ってその上に乗り込み、敵艦に向けて弩弓で射下ろした。

関連項目

●海上兵器「ガレー船」の発達→No.011
●三段櫂船の発展型・五段櫂船の登場→No.032
●海上兵器として活躍した三段櫂船とは→No.028

No.034

古代ローマ軍が考案したコルヴスとは何か？

海を挟んだ大国カルタゴとの戦いにおいて、古代ローマ帝国は海軍の弱さをカバーするため、「コルヴス」と呼ばれる古代兵器を開発した。それは、海戦を白兵戦に変える画期的な発明であった。

●苦肉の策としてローマが開発した海上兵器

紀元前3世紀頃、古代ローマ軍の苦悩は、絶大な力を誇るカルタゴの海軍にあった。ローマは、それまではイタリア半島の制圧に注力していたため、海への関心はさほど高くなかった。そのため、鍛錬を積んだカルタゴの海軍には手も足も出なかった。

ローマ軍が秀でているとすれば、それは陸戦以外にはなかった。そこでローマ軍は、海戦を陸戦と同じような状況に持ち込もうと考え、それにしたがって開発された兵器が、**コルヴス**である。

コルヴスとは、長さ11メートルくらい、幅1.2メートルくらいの板状の兵器で、その先端には金属製の鉤《かぎ》がつけられていた。これは、いわゆる架橋の一種で、鉤を敵船に引っかけて固定し、その板を渡ってローマ兵士が敵艦に乗り込んで白兵戦に持ち込むためのものである。通常、コルヴスは船首にポールのようなものを立てて、ロープで固定していた。

コルヴスの両側には欄干《らんかん》がつけられ、同時に2人の兵士が通れるように設計されていた。コルヴスとはラテン語で「カラス」を意味し、先端の鉤をカラスに見立てて命名されたとされる。

ローマ軍のガレー船の両舷にはたくさんのコルヴスが設置され、コルヴスを有効に活用するために、ローマ艦船には通常のガレー船に乗船する兵士より多くの兵士が乗り込んだ。そのため機動力は失われたが、もとより操舵技術はカルタゴに及ばないため、自軍のメリットを最大に生かす戦法に変えたわけだ。そして、コルヴスを使ったローマ軍の戦術は絶大な効果を発揮した。海戦に自信を持っていたカルタゴ軍は、ローマ軍の新兵器に度肝を抜かれた。白兵戦ではローマ軍に一日の長があり、カルタゴ軍はさんざんに叩きのめされたのである。

コルヴスの形状と使い方

カルタゴとの戦いで苦戦を強いられていた古代ローマは、カルタゴの強力海軍を粉砕するために、新たな兵器・コルヴスを開発した。

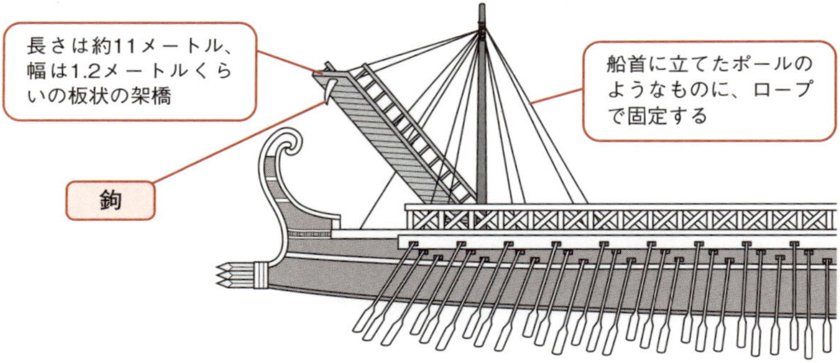
長さは約11メートル、幅は1.2メートルくらいの板状の架橋
船首に立てたポールのようなものに、ロープで固定する
鉤

コルヴスの特徴

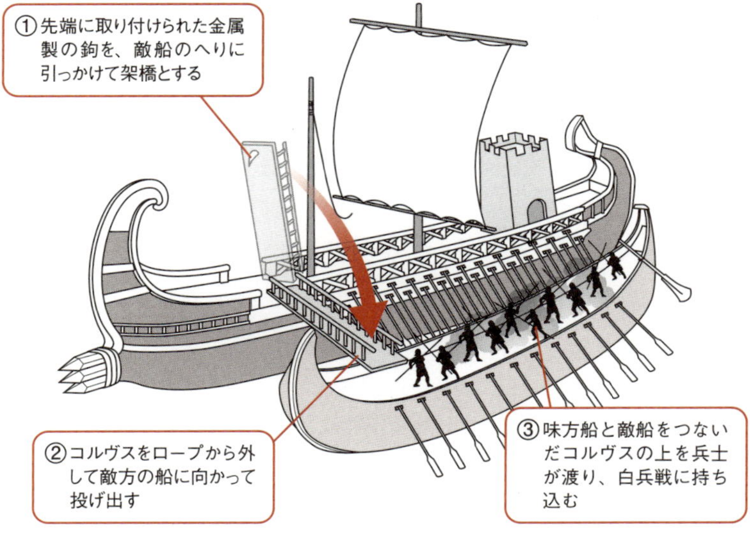
①先端に取り付けられた金属製の鉤を、敵船のへりに引っかけて架橋とする
②コルヴスをロープから外して敵方の船に向かって投げ出す
③味方船と敵船をつないだコルヴスの上を兵士が渡り、白兵戦に持ち込む

関連項目

●海上兵器として活躍した三段櫂船とは→No.028
●海上の戦いを有利にするための兵器・衝角とは→No.029

No.035

陸上最強の動物兵器・軍象

古代の戦場を疾駆した軍象。時速40キロメートルの速さで走る、陸上で最大かつ最強の動物・象は、戦場でも有効な兵器となった。しかし、軍象にはメリットばかりでなく、多くのデメリットもあった。

●味方も傷つけ得る諸刃の剣

古来、人間と動物は共存共栄してきたが、やがて人間が動物を飼い慣らすと、動物たちも戦場に投入されることになる。その最たるものは馬である。戦車の牽引にはじまり、その後は騎兵部隊として活躍した。

馬以外の動物のなかでも効果的に使われたのが象だ。戦場で使われる象のことを**戦象、軍象**などと呼ぶ。軍象を初めて使ったのは、紀元前5世紀以前のインドだとされている。これは、アフリカ生息の象よりアジア生息の象のほうが、温和で従順なため飼い慣らすのに適していたからだ。その後、オリエント、ヨーロッパと各地に伝えられた。

象を戦場に投入する場合、象使いが象の首の後ろにまたがり、象の背中にかごや小さな攻城塔を乗せて、そこに弓兵や指揮官が2名ほど乗り込んだ。軍象は、その巨躯《きょく》とスピードを生かして、戦場を蹂躙《じゅうりん》した。全速力で走れば時速40キロメートルにもなる象は、ぶつかっただけでも交通事故のような衝撃とダメージを与え、また、寝転がった人を踏みつぶすという習性をもっており、敵軍は軍象部隊を見たら逃げ出すよりほかなかった。

ただし、象は敵味方の区別ができず、象使いが倒されると、一転して自軍にとっても脅威となった。軍象の急所は象使いであったといえる。また、いったん走り出したら方向転換や停止が難しく、そのスピードを制御することも困難になる。そのため、軍象部隊はたいてい単独で行動し、常に戦場の最前線、それも中央部隊として投入されることが多かった。

そして、象を兵器として扱う際にもっとも問題となったのは、補給の問題であった。象1頭に必要なえさの量は現代で1日最低250キロ、水は150リットルといわれる。古代世界において、現代の3分の1が必要だったとしても大量の補給が必要となったのである。

軍象の戦い方

攻城塔

象の背中に攻城塔を乗せ、そこに弓兵や指揮官など2名の兵士が乗り込む

象使い

象を飼い慣らした者が象使いとして象の背に乗り、コントロールする。象使いが倒されると、象は敵味方の区別がつかなくなる

踏みつぶす

象は本能として、寝転がっている動物を踏みつぶす習性があり、倒れこんだ敵兵を踏みつぶして圧殺する

スピード

象はその巨体に似合わず全速力で走れば時速40キロメートルで走ることができる。巨躯とスピードを生かして敵兵に大ダメージを与える

軍象の弱点

弱点1

象は本来、敵と味方の区別がつかない動物のため、象使いが倒されると制御が利かなくなり、自軍にとっても脅威となった。

弱点2

興奮して走り出した象は、象使いなしでは方向転換や停止もままならなかった。

関連項目

●軍象はどのように戦場で活躍したのか→No.036
●自軍の軍象にやられたピュロス→No.090

No.036

軍象はどのように戦場で活躍したのか

軍象が戦場に現れて以来、多くの戦争に投入され活躍した。マケドニアのアレクサンドロス、北アフリカの大国カルタゴ、古代ローマ帝国と、古代の大国のほとんどが軍象と遭遇していたのである。

●実際に軍象が戦場に投入された例

実際に軍象が戦場に投入された例として、まず紀元前326年の、アレクサンドロス大王率いるマケドニア軍が、インド王ポロスと戦ったヒュダスペス河畔の戦いがある。この戦いで、インド軍は200頭以上の軍象を戦場に送り出し、無敵を誇るマケドニア軍を悩ませた。マケドニア軍の重装騎兵のほとんどが、戦象との戦いに慣れておらず、馬も兵士も軍象の姿を見ただけで萎縮し、逃げ出す有り様だった。しかし、戦争の天才アレクサンドロス大王は、単純な動きしかできない軍象部隊との直接対決を避け、騎兵の機動力を生かしてインド軍本隊に集中攻撃を加えてインド軍を敗走に追い込み、軍象の一部を自軍に持ちかえっている。

北アフリカの大国カルタゴも、軍象をおおいに利用した国だった。紀元前255年、古代ローマと対峙したカルタゴ軍は、前線に約100頭の軍象部隊を配置し、ローマ軍の分断に成功、ローマ軍は1万5000の兵士を失い敗走を余儀なくされた。紀元前202年、ローマ軍とカルタゴ軍が対戦したザマの戦いでは、カルタゴ軍が80頭の軍象を投入し、ローマ軍へ一斉突撃を試みた。このとき、ローマ軍指揮官・大スキピオは、隊列の間隔を広くするよう布陣し直し、一直線に突進してくる軍象部隊と接触しないよう軍象の突撃をやり過ごすことで、戦局を有利に進めた。

軍象部隊に対する戦術のひとつとして、マルヴェントゥムの戦い（紀元前274年）を紹介しよう。このときローマ軍は、火を苦手とする象に対し、たいまつを振り回して軍象を追いやった。

とはいえ、軍象を倒すことはどの部隊にとっても難問であった。象を一撃で仕留めるのは困難で、攻撃を加えたことで余計に象が暴れてしまうので、最終的には軍象部隊との交戦を避けることが最上の方法であった。

軍象部隊との戦い方

戦術1 隊列の間隔を広くとる

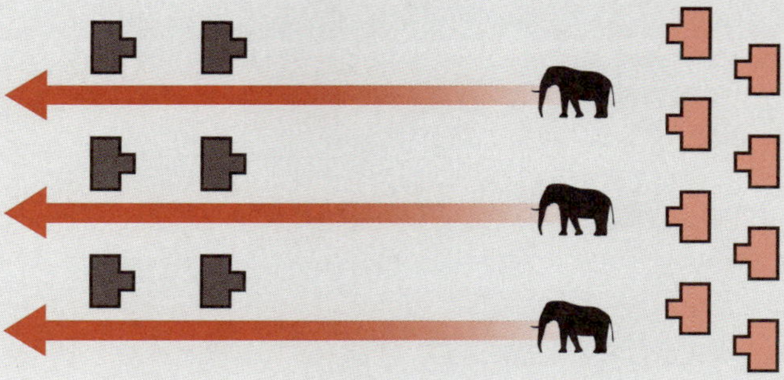

POINT

古代ローマとカルタゴとの戦いで、ローマ軍がとった戦術。一直線に突進してくる軍象部隊と接触しないように、隊列の間隔をひろくとるように布陣し直した。

戦術2 たいまつを使う

象が火を苦手とする習性をついて、たいまつを振り回して軍象を追いやる。

戦術3 戦わない

象を一撃で仕留めるのは至難の業。したがって、軍象とは戦わないという戦術がもっとも効果的である。

関連項目

●陸上最強の動物兵器・軍象→No.035　●自軍の軍象にやられたピュロス→No.090
●象以外の動物兵器→No.091

No.037

攻城兵器の原点ともいえる攻城梯子とは

攻城塔とともに攻囲戦で活躍した兵器が「サンブカ」だ。兵士を安全に城壁の上まで到達させるもので、自軍の兵士が攻城塔から攻撃を加えているすきに、城壁を乗り越えることができた。

●城壁を登るための兵器

戦争形態が発達すると、野戦や海戦では戦術しだいで勝敗が分かれることも多くなっていった。

しかし、攻囲戦となると、そうはいかなかった。カタパルトやバリスタなど、投石兵器は発達し、より重いものをより遠くへ飛ばす工夫がなされたが、それらは城壁や土塁の壁を一撃で破壊するほどの威力はもちあわせていなかった。

そのため、攻囲戦においては、防御側が圧倒的に有利であった。

そこで攻撃側は、城壁を乗り越えて城内に侵入する方法を考え、そのための兵器を考案した。それが次項で説明する攻城塔であり、もうひとつが**「サンブカ」**である。

サンブカとは、**移動する攻城用のはしご（攻城梯子）**で、前4世紀末には出現している。攻城梯子自体はギリシア神話に登場するくらいの昔からあった。そして紀元前2500年頃に、古代エジプトで車輪つきの攻城梯子が登場した。エジプトの攻城梯子は、目的の城壁の高さを調べ、それに合わせた長さのはしごを作り、その下に車輪が取りつけられた。2人の兵士が棒を使って車輪を押して運んでいた。

サンブカはこの攻城梯子を大型化したもので、兵士を敵軍の火矢から守るための屋根がつけられ、さらに獣皮で覆われていた。サンブカはシーソーの原理を使っており、兵士をはしごの一番上に乗せたあと、反対側に大量の石を積み込むことではしごを上げた。石の量を変えることで、はしごの高さも調整できたため、エジプト式のように目的の城壁ごとに作る必要性がなくなった点がメリットであった。また、横幅があるため、堀や溝の手前に設置することができた。

エジプトの移動式攻城梯子

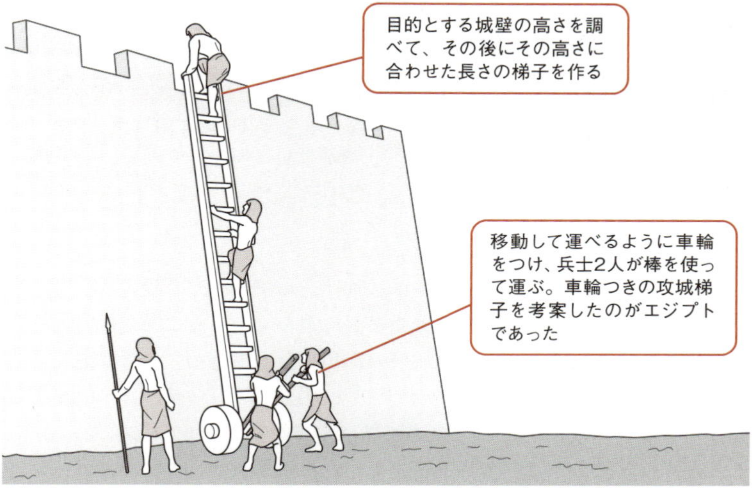
目的とする城壁の高さを調べて、その後にその高さに合わせた長さの梯子を作る
移動して運べるように車輪をつけ、兵士2人が棒を使って運ぶ。車輪つきの攻城梯子を考案したのがエジプトであった

サンブカ

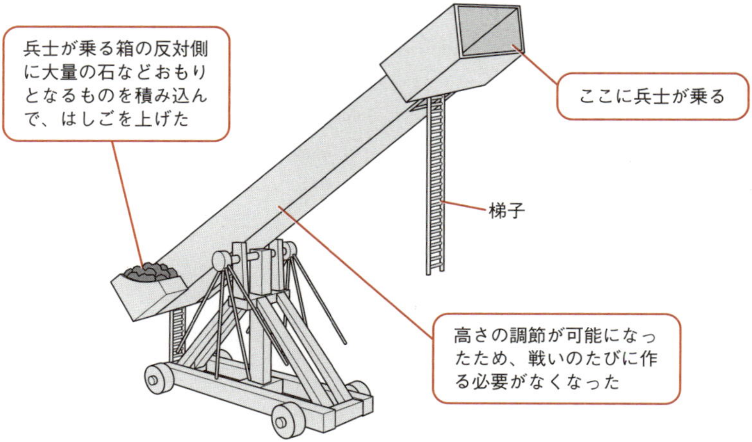
兵士が乗る箱の反対側に大量の石などおもりとなるものを積み込んで、はしごを上げた
ここに兵士が乗る
梯子
高さの調節が可能になったため、戦いのたびに作る必要がなくなった

関連項目

●攻囲戦と攻城兵器の発達→No.009
●城を攻めるための必須兵器・攻城塔の出現→No.038

No.038

城を攻めるための必須兵器・攻城塔の出現

現代のように攻城兵器が発達していなかった古代は、敵に城に逃げ込まれるとやっかいであった。そこで開発・改良されたのが「攻城塔」（移動塔ともいう）という兵器であった。

●相手の城を攻める攻城兵器

野戦で劣勢に陥った側は、砦《とりで》や城に逃げ込んで敵をやり過ごす。そのため、戦争に勝つには敵の城を落とす必要に迫られた。そこで登場したのが、**攻城塔であり移動塔**だった。攻城塔の出現は早く、初めて記録に見えるのは、紀元前1900年代に北部アッシリアを制圧した、シャムシ・アダド王によるヌルグム攻囲戦である。これは前項で説明した攻城梯子だろうが、それからはいたるところで攻城塔が使われるようになった。野戦に強かったアッシリアでは、籠城《ろうじょう》する敵に対する攻城兵器が発達した。攻城塔も、アッシリアが繁栄した時代に飛躍的に発達した。

攻城塔は、いくつかの層からなる木製の塔で、高さは8～10メートルほどだった。4つの車輪（のち6輪になる）で動かした。攻城塔の中には、破城槌《はじょうつい》が積み込まれ、上層部には弓兵や弩兵《どへい》が配置され、上層の箱の中にも兵士が乗り込んだ。アッシリアの攻城塔は、後代の古代ローマに比べれば小さかったが、それでも数十人の兵士を載せることができた。

攻城塔は城壁の高さに合わせるように現地で作られることもあり、工作兵が戦場に同行することも多くなった。アッシリアには、単独の工兵部隊まであったと伝えられている。防御側は、攻城塔を破壊するのに火を使った。その対抗策として、攻城塔は獣の皮や水を含ませた布などで覆われるようになり、万が一のために水を撒くための兵士が同乗していた。

古代ローマが作り上げた攻城塔は非常に高く、71年のマサダ攻囲戦では高さ30メートルの巨大攻城塔が出現した。ローマの攻城塔で特徴的なのは、破城槌や投射兵器だけでなく、敵城に入り込むための架橋も搭載されていた点である。また、破城槌は最下層ではなく、上層部に設置されることもあった。

アッシリアの攻城塔

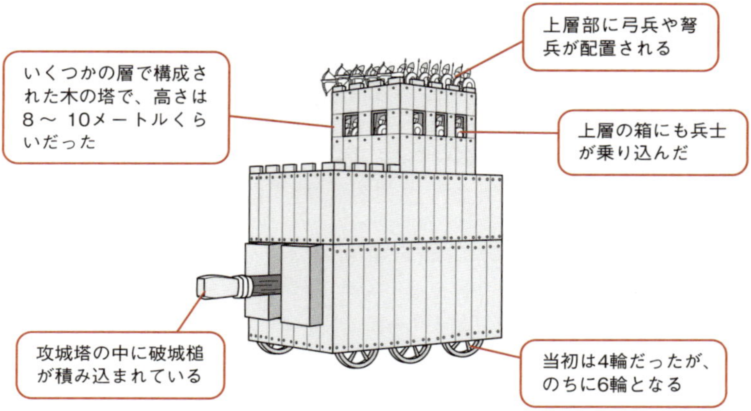
上層部に弓兵や弩兵が配置される
いくつかの層で構成された木の塔で、高さは8～10メートルくらいだった
上層の箱にも兵士が乗り込んだ
攻城塔の中に破城槌が積み込まれている
当初は4輪だったが、のちに6輪となる

古代ローマの攻城塔

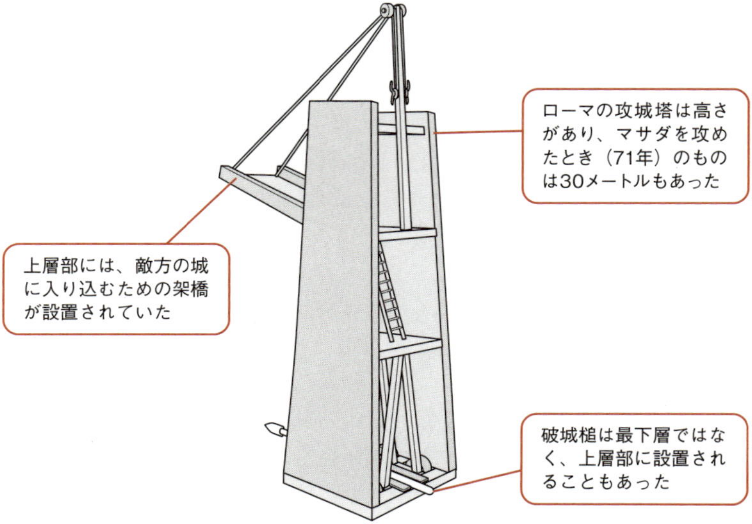
ローマの攻城塔は高さがあり、マサダを攻めたとき（71年）のものは30メートルもあった
上層部には、敵方の城に入り込むための架橋が設置されていた
破城槌は最下層ではなく、上層部に設置されることもあった

関連項目

●攻城兵器の原点ともいえる攻城梯子とは→No.037
●シーザーが作り上げた攻城塔と攻囲戦→No.040

No.039

マケドニア王が開発した攻城塔ヘレポリス

攻城塔という古代兵器は、攻囲戦にはなくてはならないものとなった。紀元前305年のロドス島攻囲戦では、マケドニアの王・デメトリオスが巨大な攻城塔を開発し、ロドス島側の度肝を抜いた。

●マケドニアで開発された巨大な攻城塔

攻城塔が使われた数ある戦場の中でも、紀元前305年にマケドニア王のデメトリオス（在位：紀元前294年〜前288年）によって行われたロドス島攻囲戦は、とくに有名である。ポリオルケテス（攻城者）と呼ばれ、攻囲戦の達人だったデメトリオスによって、このとき使われた攻城塔を**ヘレポリス**といい、その大きさは規格外だった。

当時、マケドニアはエジプト（プトレマイオス朝）と対立しており、その同盟国がロドス島だった。ロドス島は、優秀な海軍を有しており、デメトリオスはエジプトに海軍が提供されることを懸念したのである。

ロドス島は海に囲まれた難攻不落の都市で、デメトリオスも手を焼いていた。そこで作ったのが、ヘレポリスと呼ばれる攻城塔である。ヘレポリスは9層からなる巨大な攻城塔で、高さ43メートル、約200人がウインチを操作して8輪の車輪で移動させた。アッシリアの攻城塔は高さが約10メートル、古代ローマのそれでも約30メートルなので、その規格外の大きさがわかる。

ヘレポリスの下層3階までは大小の投石器が搭載され、1階に設置された投石器は82キログラムの石弾を放り投げられるほど巨大だった。投石用の開口窓は、石弾を装填《そうてん》するたびに機械仕掛けで開閉できるようになっていた。4階から上には弓兵と弩兵が乗り込み、各階の銃眼からひっきりなしに矢を放った。また、外側はすべて鉄板で覆われ防御力と耐久力を高め、各階に消火用設備まで設置されていたという。

このヘレポリスは、ロドス島の外壁を破壊し、ロドス島側が応急的に作った内側の壁までも破壊した。しかしながら、最終的にデメトリオスはロドス島を陥落させることはできなかった。

マケドニアとプトレマイオス朝の位置関係

マケドニア
ギリシア
ロドス島
地中海
アレクサンドリア
プトレマイオス朝エジプト
前4世紀初頭、マケドニアとプトレマイオス朝エジプトが対立し、間に挟まれたロドス島はエジプトと同盟を結んでいた。

ヘレポリスの特徴

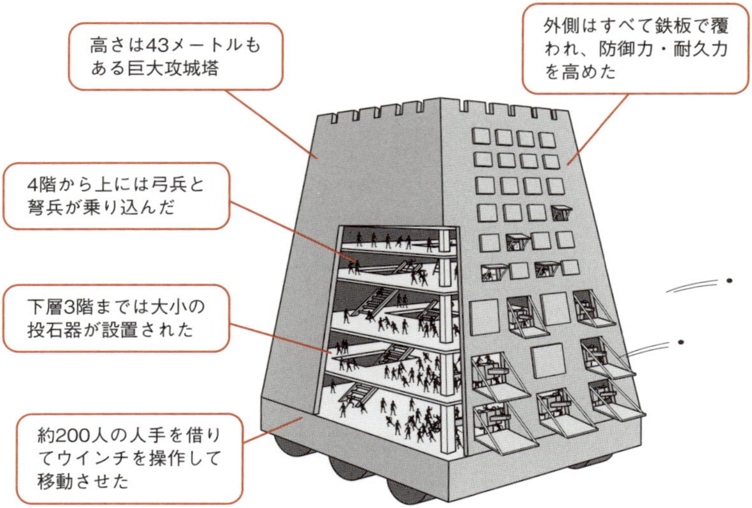
高さは43メートルもある巨大攻城塔
外側はすべて鉄板で覆われ、防御力・耐久力を高めた
4階から上には弓兵と弩兵が乗り込んだ
下層3階までは大小の投石器が設置された
約200人の人手を借りてウインチを操作して移動させた

関連項目

●城を攻めるための必須兵器・攻城塔の出現→No.038
●シーザーが作り上げた攻城塔と攻囲戦→No.040

No.040

シーザーが作り上げた攻城塔と攻囲戦

攻城戦を得意とした古代ローマのなかでも、とくに得意としたのがカエサル・シーザーであった。アウァリクムの攻囲戦でカエサルは、24メートルという巨大な攻城塔を1カ月で作り上げた。

●攻城塔を使ったシーザーの戦略

古代ローマ軍は、ギリシアの技術を取り入れた攻城戦が得意で、カエサル・シーザーが残した『ガリア戦記』には、攻城塔を使った戦いが多く記されている。紀元前52年5月頃、カエサル率いるローマ軍は、ビドゥリゲス族が治めるアウァリクムを攻囲した。

アウァリクムは堅固な都市として知られていた。ローマ軍の強さを知っていたビドゥリゲス族は、野戦で深追いすることなく都市に引きこもってしまった。さらに、彼らは周囲にある20の自領都市を焼き払ったため、ローマ軍は兵糧《ひょうろう》調達に困難をきたすようになる。

攻囲戦においてもっとも気をつけなければならないのは、兵糧の欠乏である。カエサルはアウァリクムの陥落を急ぐ必要性に迫られた。

そこで、カエサルがとった戦略は、すべての人の度肝を抜いた。なんと、たった1カ月で24メートルに及ぶ**攻城塔と、回転する小塔を作り上げた。**そして、攻城塔を移動しやすくするために、大規模な土木工事のうえに攻城用の傾斜路を作り上げ、あっという間にアウァリクムを陥落させてしまったのだ。

また、同年8月のアレシア攻囲戦でも、カエサルの作った攻城塔が活躍している。ただ、このときは、攻城塔よりアレシアを包囲した施設のほうが有名である。それは、城砦《じょうさい》、櫓《やぐら》、柵《さく》を連ねた構造物で、全長28キロメートルにも及び、アレシアを完全に封じ込めたという。

アッシリアからはじまり、ヨーロッパ各国でも激しく戦われた攻城戦だが、不思議とエジプトだけは攻城戦が行われることは少なかった。その理由は定かではないが、エジプトの戦士たちが個対個の対決を好み、彼らには籠城するという価値観がなかったためだといわれている。

シーザーのアウァリクム攻囲

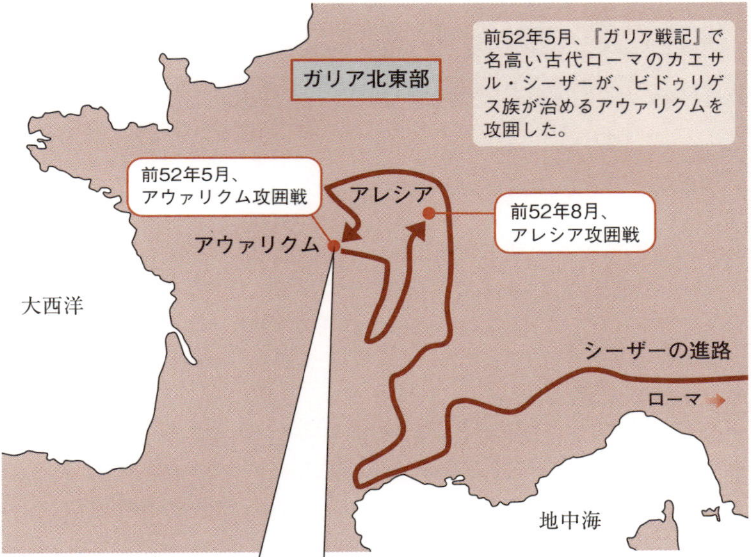
ガリア北東部
前52年5月、『ガリア戦記』で名高い古代ローマのカエサル・シーザーが、ビドゥリゲス族が治めるアウァリクムを攻囲した。
前52年5月、アウァリクム攻囲戦
アレシア
前52年8月、アレシア攻囲戦
アウァリクム
大西洋
シーザーの進路
ローマ
地中海

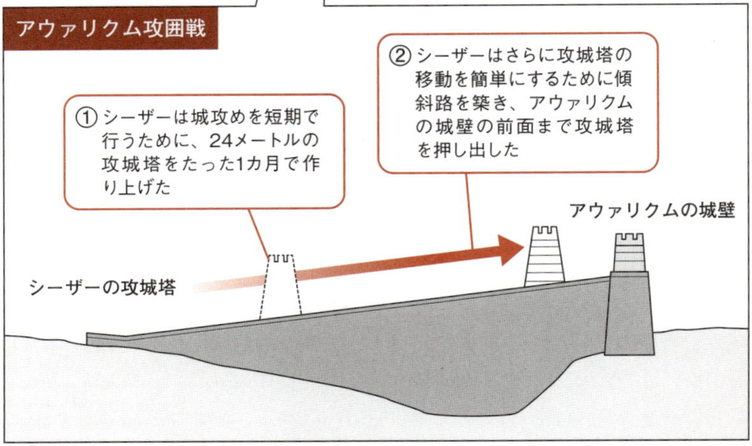
アウァリクム攻囲戦
②シーザーはさらに攻城塔の移動を簡単にするために傾斜路を築き、アウァリクムの城壁の前面まで攻城塔を押し出した
①シーザーは城攻めを短期で行うために、24メートルの攻城塔をたった1カ月で作り上げた
アウァリクムの城壁
シーザーの攻城塔

関連項目

●城を攻めるための必須兵器・攻城塔の出現→No.038
●マケドニア王が開発した攻城塔ヘレポリス→No.039
●攻城塔と破城槌の活躍→No.043

No.041

城壁を破壊する破城槌の威力

攻城塔とともに攻囲戦のために作られた兵器が、破城槌と呼ばれるものだ。紀元前18世紀にはすでに存在していた古い兵器で、長い間、改良が加えられながら重宝された。

●城壁を壊すための攻城兵器

攻城塔や攻城梯子とともに、**攻城戦で重宝されたのが破城槌《はじょうつい》**と呼ばれる攻城兵器である。破城槌とは、文字どおり城を破壊する槌のことだ。紀元前18世紀のヌルグムの戦いで、アッシリア軍がすでに破城槌を使っており、その歴史はかなり古い。

初期の破城槌は、台車の上に小屋を置き、その内部に、先端に鉄製の頭部をつけた長い棒を吊るし、それを人力で振り子のように振って城壁にぶつけてダメージを与えた。ただ、この破城槌では、土塁や土塀の類にしか効果はなく、防御側が城壁を石で作るようになると、まったく役に立たなくなった。

そのため、破城槌は大型化し、それまで壁をけずり取る程度だったものが、直接城壁に打撃を与えるものになった。

破城槌にもいろいろな形があり、初期の頃は車輪も小さかったり、スポークがなかったりしており、平坦な道しか進むことができなかった。その後アッシリアでは、小屋の中に槌を吊るした通常の破城槌のほかに、巨大な鉄頭を台車に載せた小屋の前面に取りつけ、体当たりするように城壁にぶち当てるタイプのものもあった。

また、サルゴン2世（在位：紀元前722年～前705年）のときには、破城槌を塔の内部に搭載するようになり、援護用の弓兵たちも一緒に同乗するようになった。その後、破城槌を発達させたのは、ほかの攻城兵器と同じくアッシリアであった。紀元前4世紀になると、破城槌には歯車が使われるようになり、それまでより少人数で、より強い打撃力を手に入れた。それにともない、防御側の城壁も発達し、この時代から攻城兵器と城壁の発達が盛んになった。

破城槌の構造

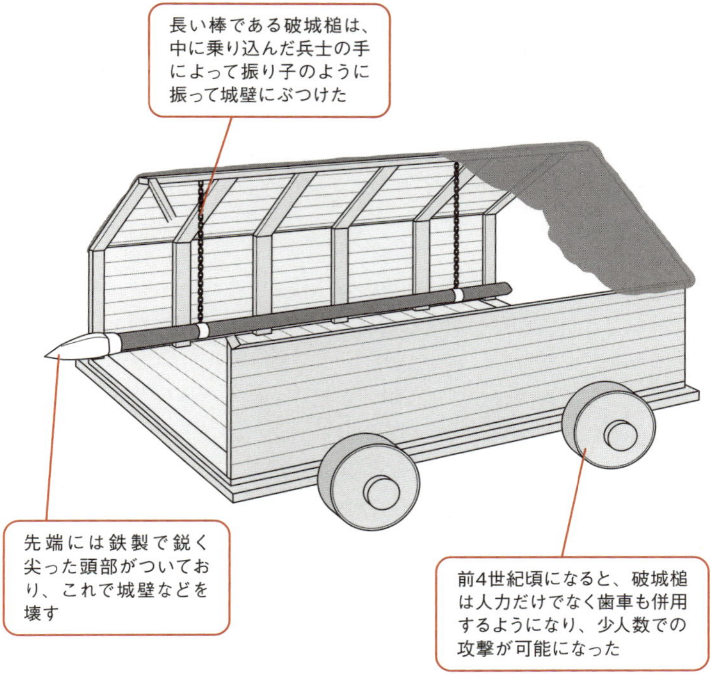
長い棒である破城槌は、中に乗り込んだ兵士の手によって振り子のように振って城壁にぶつけた
先端には鉄製で鋭く尖った頭部がついており、これで城壁などを壊す
前4世紀頃になると、破城槌は人力だけでなく歯車も併用するようになり、少人数での攻撃が可能になった

破城槌の歴史

紀元前18世紀

アッシリアとヌルグムとの戦いで、アッシリア軍が破城槌を使用したことが知られている。初期の破城槌は土塁や土塀の類にしか効果がなかった。

紀元前8世紀

城壁が石造りになると破城槌は大型化し、打撃力をアップさせた。また、破城槌を塔の中に搭載するタイプも現れ、弓兵たちも同乗できるようになった。

紀元前4世紀

破城槌に歯車が使われるようになり、それまでより少人数で、より強いダメージを与えられるようになった。

関連項目

●攻囲戦と攻城兵器の発達→No.009　●攻城塔と破城槌の活躍→No.043
●亀甲型掩蓋付き破城槌とは何か→No.042

No.042

亀甲型掩蓋付き破城槌とは何か

破城槌も時代が下るごとに、さまざまな形に姿を変えていった。古代ローマでも改良が加えられ、ローマ軍の破城槌は動物の皮などで作った屋根で覆ったものが多くなっていったという。

●古代ローマ軍が開発した破城槌

アッシリアで開発された破城槌《はじょうつい》は、ヨーロッパ各国にも伝わり、ギリシアやローマでも使われた。とくに古代ローマ帝国の攻囲戦では、破城槌が効果的に使われていた。

古代ローマ軍（紀元前5世紀以降）が使っていた破城槌は、角材の先端を牛の頭の形をした鉄で覆っていた。そのため、ラテン語で「雄牛」を意味するアリエスと呼ばれたりもした。

ほかにも、ローマでは**掩蓋《えんがい》付きの破城槌**が多かった。掩蓋とは、そもそも敵の攻撃を防ぐために掘った壕や堀などの上を、布などで覆うもので、それを破城槌の小屋にかぶせてある。たいていが獣の皮でできており、敵の放つ火矢を防いだ。

そして、掩蓋をかぶせた破城槌を亀甲《きっこう》型破城槌と呼んだ。亀甲型とは、ローマ軍が戦場で使う陣形である。密集陣形のひとつで、兵士が3列か4列に並び、外側の兵士が各自、自分たちの外側に向けて盾を構え、真ん中の兵士たちが上に盾を構える。

亀甲陣形は、敵の投擲《とうてき》兵器を無力化し、戦場を安全に移動することができた。攻撃することはできないが、犠牲を出さずに敵の直前まで進むことができたので重用された。これと同じく、亀甲型掩蓋付き破城槌も、途中で敵に壊されることなく城壁まで移動することが可能だった。

このように破城槌の防御力が上げられたのは、破城槌が城壁に最初の一撃を加えたときが、敵側が降伏できる最後の瞬間とされていたからであった。つまり籠城《ろうじょう》側は、破城槌が城壁の前に到着するまでに、破壊しなければならなかったため、破城槌に対する攻撃が激しかったのである。

古代ローマの掩蓋付き破城槌

アッシリアで開発された破城槌はヨーロッパ各国に伝わり、古代ローマでも独自の発展を見せた。

古代ローマが使っていた破城槌は、角材の先端を、牛の頭の形をした鉄で覆っており、「アリエス」と呼ばれた
敵の攻撃を防ぐために、獣の皮で全体が覆われている。獣の皮は、敵の放つ火矢を防ぐのに大いに役立った

亀甲型隊形

密集陣形のひとつで、3～ 4列に並んだ兵士軍の外側の兵士が外側に向けて盾を構え、真ん中の兵士たちは上に向けて盾を構え、敵の投擲兵器を無力化した。ただし、攻撃はできない。

関連項目

●城壁を破壊する破城槌の威力→No.041
●攻城塔と破城槌の活躍→No.043

No.043

攻城塔と破城槌の活躍

攻城塔と破城槌は古代兵器として重要な位置を占め、アッシリア、古代ローマ、マケドニアなど、多くの国々がこれらを用いて戦った。ここでは、攻城塔と破城槌が使用された代表的な戦いを紹介していく。

●戦場における移動塔と破城槌

攻城兵器が効果的に使われた攻囲戦といえば、古くは紀元前701年のラキシュ攻囲戦である。アッシリア王センナケリブが行ったユダヤ遠征のひとつである。当時のアッシリアは、圧倒的な戦力をもって向かうところ敵なしの軍事国家であり、対するラキシュはユダヤ人の都市である。アッシリア王は、ラキシュに対して降伏を勧告したが、ラキシュはこれを拒否し、アッシリア軍による攻囲戦がはじまった。アッシリア軍は、弓兵で攻撃を加えている間に攻城塔と破城槌《はじょうつい》を作り上げ、これらを首尾よく城壁のそばまで運ぶために、工兵を用いて傾斜路を施した。そして、攻城塔に乗った弓兵たちが間断なく矢を放ち、同時に破城槌は城壁や城門をしきりに打ち叩いた。この攻撃により、ラキシュは数日間で陥落したといわれている。

また、古代ローマ軍がマサダに立てこもるユダヤ反乱軍を攻囲した、74年のマサダ攻囲戦も有名である。死海のほとりにそびえる難攻不落のマサダ要塞《ようさい》を攻略するために、ローマ軍は高さ30メートルの攻城塔を作り、表面を鉄板で覆い、上から2層めに破城槌を設置した。ユダヤ軍の抵抗も激しかったが、ローマ軍はやがてマサダの西側の壁を破城槌で破壊し、内側に築かれていた壁も破城槌で突破して、最上層の架橋で城内に突入し、ついに陥落させた。

ほかにも、古代ギリシアの都市スパルタによるプラタイア攻囲戦（前429年）では、スパルタ軍は破城槌で二重の壁を破壊しようとしたが、ふたつめの壁に突撃したとき投げ縄で向きをそらされて失敗した。マケドニア軍によるテュロス攻囲戦（紀元前332年）、ローマ軍によるシラクサ攻囲（紀元前213年）、ロドス島攻囲戦（紀元前305年）、アレシア攻囲戦（紀元前52年）など、移動塔や破城槌が戦場で活躍した例は数多い。

地中海世界の主な攻囲戦

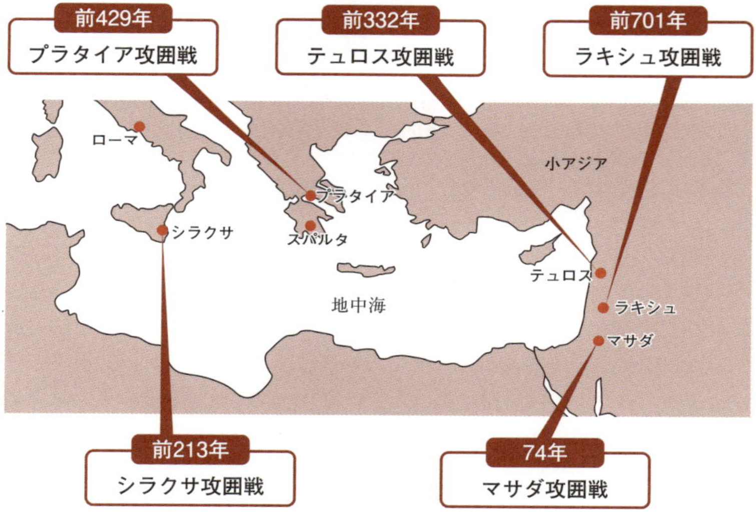
前429年
プラタイア攻囲戦
前332年
テュロス攻囲戦
前701年
ラキシュ攻囲戦
ローマ
小アジア
プラタイア
シラクサ
スパルタ
テュロス
地中海
ラキシュ
マサダ
前213年
シラクサ攻囲戦
74年
マサダ攻囲戦

マサダ攻囲戦のローマの攻城塔

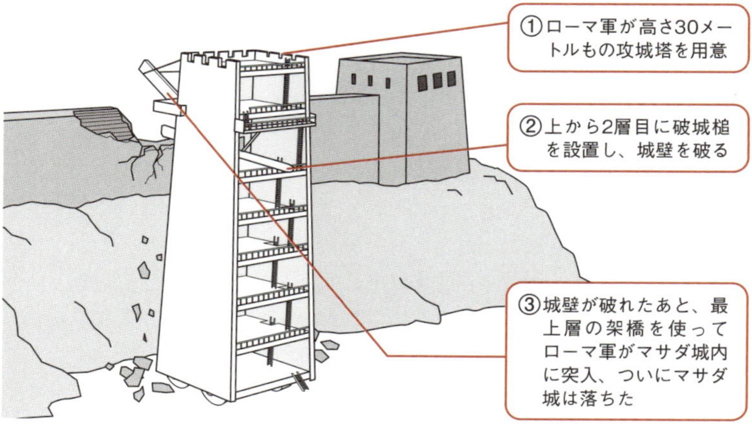
①ローマ軍が高さ30メートルもの攻城塔を用意
②上から2層目に破城槌を設置し、城壁を破る
③城壁が破れたあと、最上層の架橋を使ってローマ軍がマサダ城内に突入、ついにマサダ城は落ちた

関連項目

●城を攻めるための必須兵器・攻城塔の出現→No.038
●城壁を破壊する破城槌の威力→No.041

No.044

攻城側が仕掛けた罠・セルヴスとは

城壁に設置する罠の一つとして開発された小型兵器が、「セルヴス」である。これは、先を尖らせた樹木を城壁に突き刺しておくことで、城壁を登ってくる敵兵の邪魔をするとともに、鋭い先端で傷つけた。

●城壁にしかけた小型兵器

攻城兵器があったとはいえ、攻囲戦では防御側のほうが圧倒的に有利だった。兵糧《ひょうろう》さえ確保できれば、年単位での籠城《ろうじょう》も可能であり、逆に攻撃側の兵糧が欠乏するのが常だった。

カタパルトなどの投石器はあったものの、一撃で城壁を破る威力はなく、攻囲戦における防御側の有利は揺るがなかった。そして、防御側は城壁や土塁の壁に防御用兵器をあつらえることで、さらに有利な立場を手に入れた。

紀元前2世紀頃に登場した**セルヴス**は、そうした拠点防御用の兵器のひとつである。

セルヴスは、幾重にも分かれた枝のついた樹木を切り取って、葉をすべて落として枝だけにしてから皮をはぎ、いくつもある枝の先端をすべて尖らせて兵器にしたものである。

そして、この鋭く尖った樹木を何本も作って、これらを敵が前進してくる方向に枝が向くように、何十本、何百本と城壁や土塁に突き刺しておくのである。このとき、それぞれのセルヴスが引き抜けないように、1本ずつ根元が結びつけられている。

攻囲戦の際に、このセルヴスを城壁にセットしておけば、何百本という鋭い先端が邪魔をして、敵兵は登ることができないし、むりやり登ろうとしても鋭く尖った枝が、敵にダメージを与えた。

セルヴスの多くは攻囲戦で使用されたが、土の中に埋めて、進軍してくる敵軍を攻撃することもあった。セルヴスは古代ローマ軍が多用した兵器だが、同じような形状のものが世界各国で使われている。

セルヴスの使い方と特徴

古代に行われた攻囲戦では、防御側が圧倒的に有利だった。敵兵が城や砦などをよじ登ってくるのを防ぐために作られたのがセルヴスという防御用兵器だった。

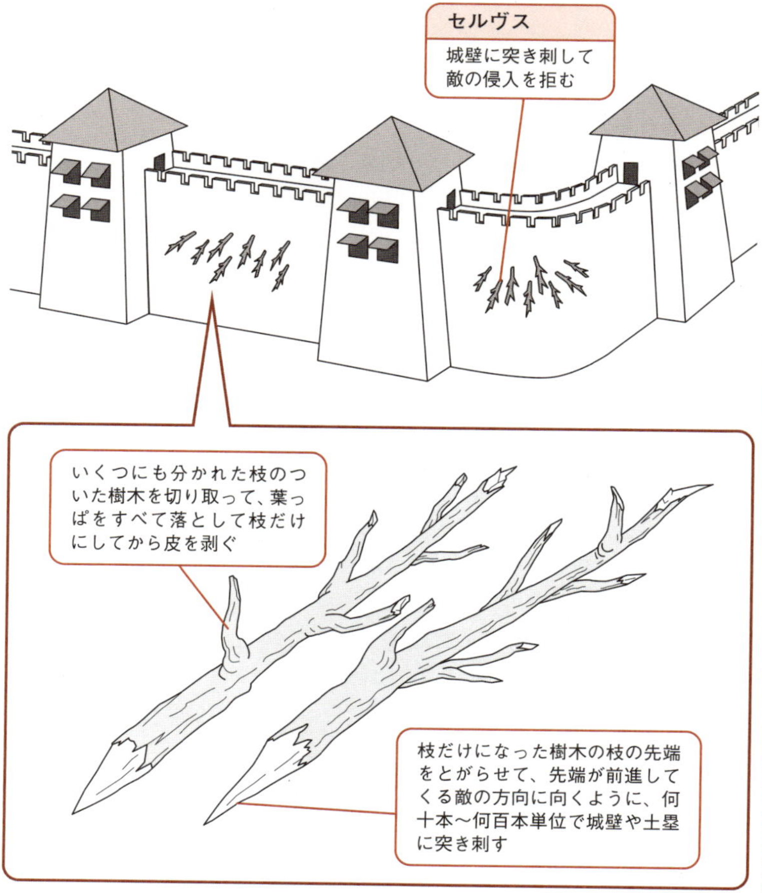
セルヴス
城壁に突き刺して敵の侵入を拒む
いくつにも分かれた枝のついた樹木を切り取って、葉っぱをすべて落として枝だけにしてから皮を剥ぐ
枝だけになった樹木の枝の先端をとがらせて、先端が前進してくる敵の方向に向くように、何十本〜何百本単位で城壁や土塁に突き刺す

関連項目

●進軍してくる敵を罠にはめる兵器・リリウム→No.045
●障害物として設置するスティムルス→No.046

No.045

進軍してくる敵を罠にはめる兵器・リリウム

攻囲戦において、進軍してくる敵軍に対して設置した小型兵器が「リリウム」だ。セルヴスと違って殺傷能力があり、攻囲戦で大きな役割を果たした古代兵器のひとつである。

●セルヴスより殺傷能力をもった小型兵器

敵の通り道に罠を仕掛けておくのは、防御側の常とう手段だった。そのうちのひとつが、**リリウム**と呼ばれる小型兵器である。

遠距離攻撃が可能な大砲などが存在しない古代では、攻撃側はどうしても城壁直前まで兵を進めなければならない。そのため、防御側は敵の進路をあらかじめ予測して罠を張っておく。敵の侵攻速度に余裕があれば、進路を限定させてしまうように道を作ったりもした。

リリウムは、紀元前1世紀頃、古代ローマ軍が使用した兵器で、カエサルが残した『ガリア戦記』にも登場する。

リリウム自体は、先を鋭く尖らせた、長さ1メートルほどの丸太のことで、そのままでは利用価値はない。リリウムは、尖らせた先端を上にして、落とし穴に設置してはじめて兵器となるのである。

落とし穴を連続でいくつも作り、すべての穴にリリウムをセットする。ぐらついたり取れてしまったりしないように、穴の底から20センチメートルほどの深さまで土を詰め踏み固めておく。そして、一見して落とし穴だと見破られないように、小枝や芝などでカムフラージュする。この落とし穴も、ただまっすぐ穴を掘るのではなく、アリ地獄のようにすり鉢状になっており、リリウムが効果的に敵を貫くようになっていた。

リリウムはセルヴスとは違い、敵が穴に落ちれば致命傷を与えることができる。とくに、スピードに乗って前進してくる騎兵にはかなりの有効打を与えることができた。

リリウムに似た防御用兵器として、日本には**逆《さか》茂《も》木《ぎ》**、あるいは**乱杭《らんぐい》**というものがある。これは尖った木を、砦や集落などの外側に何本も設置したもので、バリケードの役割を果たした。

リリウムの設置と特徴

敵の通り道に罠を仕掛けておくのは、古来、戦場での常套手段であり、そのうちのひとつが小型兵器・リリウムであった。

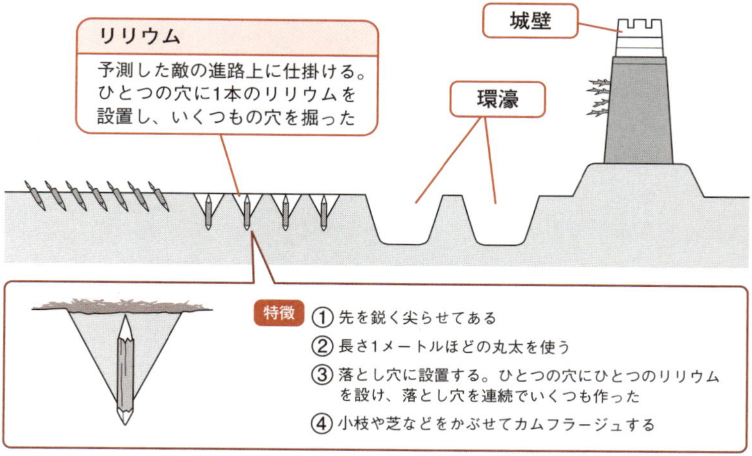
リリウム
予測した敵の進路上に仕掛ける。ひとつの穴に1本のリリウムを設置し、いくつもの穴を掘った
環濠
城壁
特徴
① 先を鋭く尖らせてある
② 長さ1メートルほどの丸太を使う
③ 落とし穴に設置する。ひとつの穴にひとつのリリウムを設け、落とし穴を連続でいくつも作った
④ 小枝や芝などをかぶせてカムフラージュする

日本の逆茂木

逆茂木
古代日本で開発された、リリウムに似た防御用兵器。尖った木を環濠などの外側に何本も設置して、敵の侵入を防いだ

関連項目

●攻城側が仕掛けた罠・セルヴスとは→No.44
●障害物として設置するスティムルス→N0.46

No.046

障害物として設置するスティムルス

敵軍の歩兵・騎兵を傷つけるために設置された小型兵器がスティムルスである。敵兵がどのルートで進軍してくるのかを予想し、仕掛けることで、鋭い鉤爪が敵兵を傷つけた。

●『ガリア戦記』にも登場する小型兵器

『ガリア戦記』には、障害物として設置する兵器がいくつか登場するが、**スティムルス**もそのうちのひとつである。これは、一端を鉤爪《かぎづめ》にしたS字状の釘で、木の杭に打ち込んで使う。この杭を、鉤爪が地面から出るように土中に突き刺し、その上を通る敵兵、騎兵を傷つけるのである。リリウムと併用することで、その効果は2倍となった。

スティムルスは、1個だけではたいして効果を発揮しないが、大量に設置しておくことで、ときには一部隊を行動不能にすることもできた。先端が鉤爪になっているせいで、これが刺さると、普通の刺し傷以上に傷口が広がり、致命傷になることもあった。

スティムルスも、リリウムと同じように、突撃してくる騎兵に対してはかなりの効果を発揮した。とくに騎兵の場合は、歩兵部隊より通り道を予測するのが簡単だったし、馬が通りやすいように道を作ってやれば、たいていはその道を選んだので、スティムルスを仕掛けておけば確実にダメージを与えることができた。

紀元前52年のアレシア攻囲戦において、カサエル率いる古代ローマ軍はガリア人を何重もの包囲線で封鎖した。そのとき、さまざまな兵器をあちこちに配置して封鎖戦を完成させたが、その最前面に使われたのがスティムルスだった。

敵は、スティムルス地帯を脱出できても、その後にはリリウムやセルヴスが待ちかまえており、簡単には包囲網を突破することはできなかった。

ただこうした兵器は、いったん配置してしまうと動かすことが容易ではないという欠点があった。

スティムルスの設置と特徴

スティムルスの設置

『ガリア戦記』に登場した障害物兵器のひとつが、
小型兵器・スティムルスである。

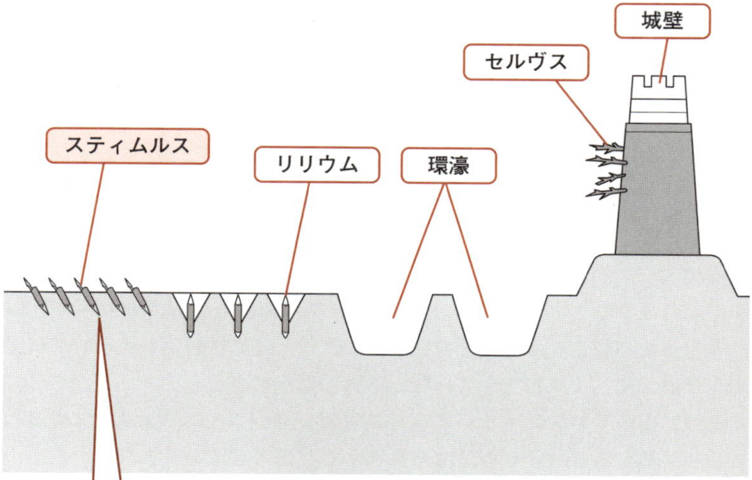
城壁
セルヴス
スティムルス
リリウム
環濠

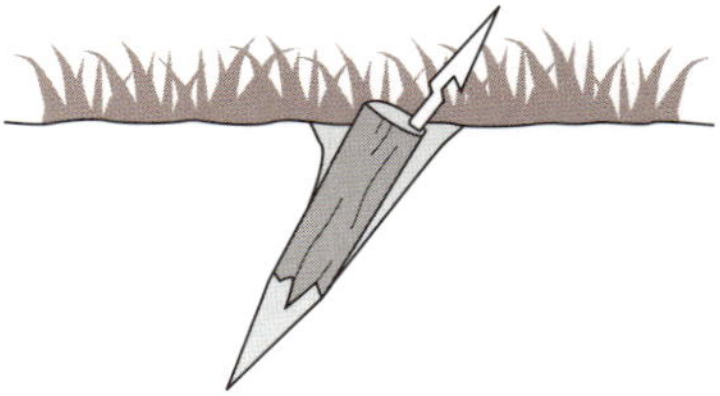

スティムルスの特徴

①一端を鉤爪にしたS字状の釘

②スティムルスを木の杭に打ち込んで使う

③鉤爪を地面から出るように土の中に突き刺し、その上を通る敵兵を傷つける

関連項目

●シーザーが作り上げた攻城塔と攻囲戦→No.040
●進軍してくる敵を罠にはめる兵器・リリウム→No.045

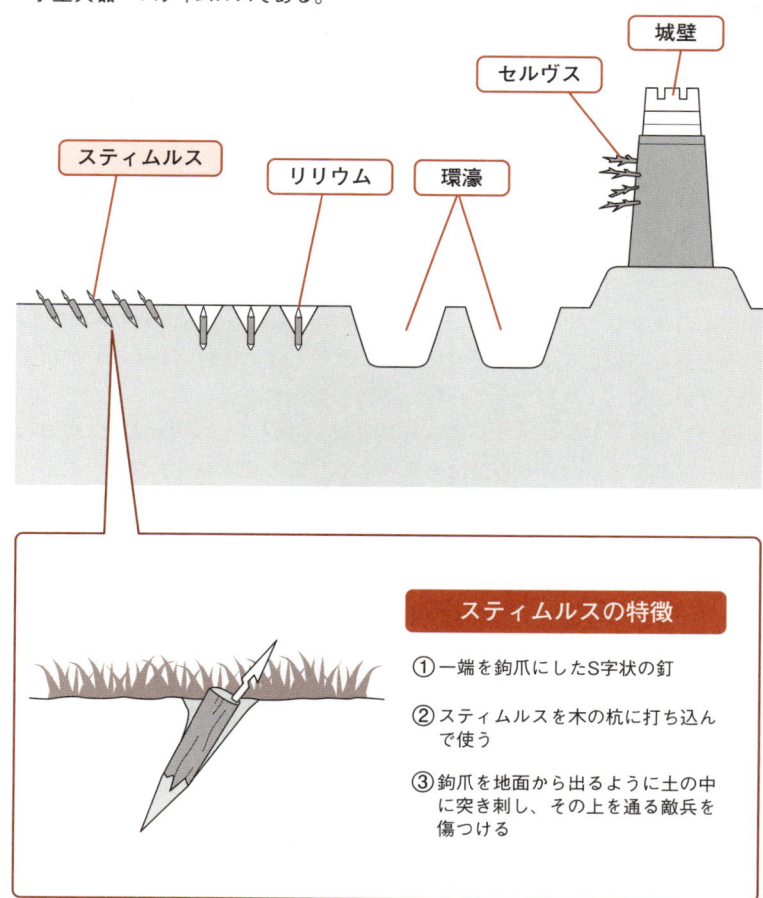

No.047

重装歩兵の集合体ファランクス

槍を装備した重装歩兵の集合体がファランクスだ。見事に訓練された彼らが織り成す陣形は隊列を乱すことなく前進し、敵兵を圧倒した。まさに人間兵器といえる。

●アレクサンドロス大王が使った人間兵器

軍隊が整備され組織化されると、多くの陣形が編み出され、戦術の幅も広がった。なかでも、マケドニアに登場した**ファランクス**は、戦場において抜群の威力を誇った。

槍兵256名で構成された、**スペイラ**と呼ばれる重装歩兵小部隊の集合体をファランクスといい、彼らは長さ5.5メートルにも及ぶ、サリッサという非常に長い槍をもって、隊列を乱すことなく敵陣に襲いかかった。重装歩兵は盾と兜《かぶと》、すね当てを装備し、防御も完璧だった。

また、隣同士のスペイラをずらして隊列を組むことで、部隊全体を斜めにし、隣接するスペイラの側面を防御するなどの鍛錬を積まれていた。

そして、この陣形で全兵士がサリッサを前面に構えれば、敵兵は近寄ることすらできずに各個撃破されていくことになる。また、後方に控える兵士たちはサリッサを上方向に向けて、敵の放つ投擲《とうてき》兵器を叩き落とした。

ファランクスを考案したのは、紀元前350年頃にマケドニアの王だったフィリッポス2世だといわれ、その後のアレクサンドロス大王が、実戦で通用する人間兵器に昇華させた。

ファランクスのデメリットといえば、密集陣形を保つために機動力が極めて劣ることだった。急な転回はほぼ不可能だったし、側面からの攻撃にも弱かった。だから、ファランクスが抜群の効果を発揮するのは、平坦な戦場だった。ファランクスは、敵と対峙するまでひたすら直進するのだ。

また、古代ギリシアのテーベ軍のエパメイノンダスが作り上げたファランクスは、十分な反転訓練を積み、どの方向にもすばやく同じ隊形を作り直すことができたと伝えられている。

ファランクスを構成するスペイラ

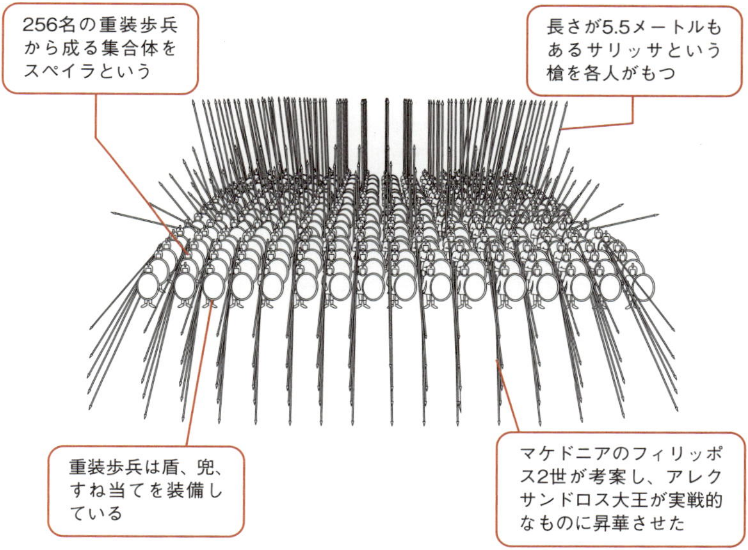
256名の重装歩兵から成る集合体をスペイラという
長さが5.5メートルもあるサリッサという槍を各人がもつ
重装歩兵は盾、兜、すね当てを装備している
マケドニアのフィリッポス2世が考案し、アレクサンドロス大王が実戦的なものに昇華させた

ファランクスの弱点

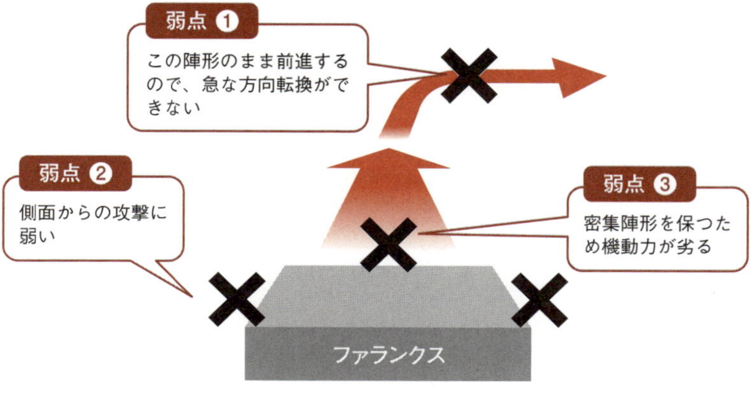
弱点 ❶
この陣形のまま前進するので、急な方向転換ができない
弱点 ❷
側面からの攻撃に弱い
弱点 ❸
密集陣形を保つため機動力が劣る
ファランクス

関連項目
●ファランクスはどのように戦ったか→No.048

No.048

ファランクスはどのように戦ったか

マケドニアで発達した重装歩兵の密集陣形・ファランクスは、さまざまな戦争で有効に機能し、マケドニアの版図拡大に寄与した。ここでは、人間兵器ともいえるファランクスの戦闘の実例を紹介しよう。

●ファランクスを破ったローマ軍

マケドニアのファランクスは、とにかく密集隊形が崩れさえしなければ、無敵といえる強さを誇った。紀元前331年、アレクサンドロス大王は、アルベラの地でダリウス王率いるペルシア軍と相まみえた。ダリウスは1000両の戦車と鎌戦車を用意して必勝を誓ったが、アレクサンドロス有する3万のファランクスを突破できず、敗走を余儀なくされている。

しかし、快進撃を続けるファランクスも、ついに敗れるときがくる。紀元前168年に勃発した対ローマ軍との戦い、ピュドナの戦いである。この戦いで、ファランクスの最大の弱点が露呈される。

マケドニアが用意したファランクスは総勢2万1000、ほかに歩兵1万9000、騎兵4000、対するローマ軍は歩兵3万3000、騎兵5000で対抗した。戦端当初はファランクスが一方的にローマ軍を押し込んだが、ローマ軍は各兵士が2本ずつもっていた槍を投げて対抗。この投槍攻撃で、マケドニアのファランクスが若干崩れ、そのうえ地形の起伏がファランクスの各隊の前進速度を変えてしまい、ファランクスの隊列は乱れた。ファランクスは平坦な土地で有効な陣形であり、起伏の激しい場所には向かなかったのである。

当時は6メートル以上のサリッサを使っていたマケドニア兵は、接近戦には弱く、ローマ軍の猛反撃がはじまる。機動性に上回るローマ軍が、算を乱したファランクスの背後、あるいは側面に回ってさらなる攻撃を加えると、ファランクスは壊滅し、マケドニアの敗戦が確定した。

ファランクスは、たしかにすさまじい威力をもつが、それはアレクサンドロスやエパメイノンダスのように、圧倒的な統率力があって初めて機能するものであった。

ファランクスVSローマ軍

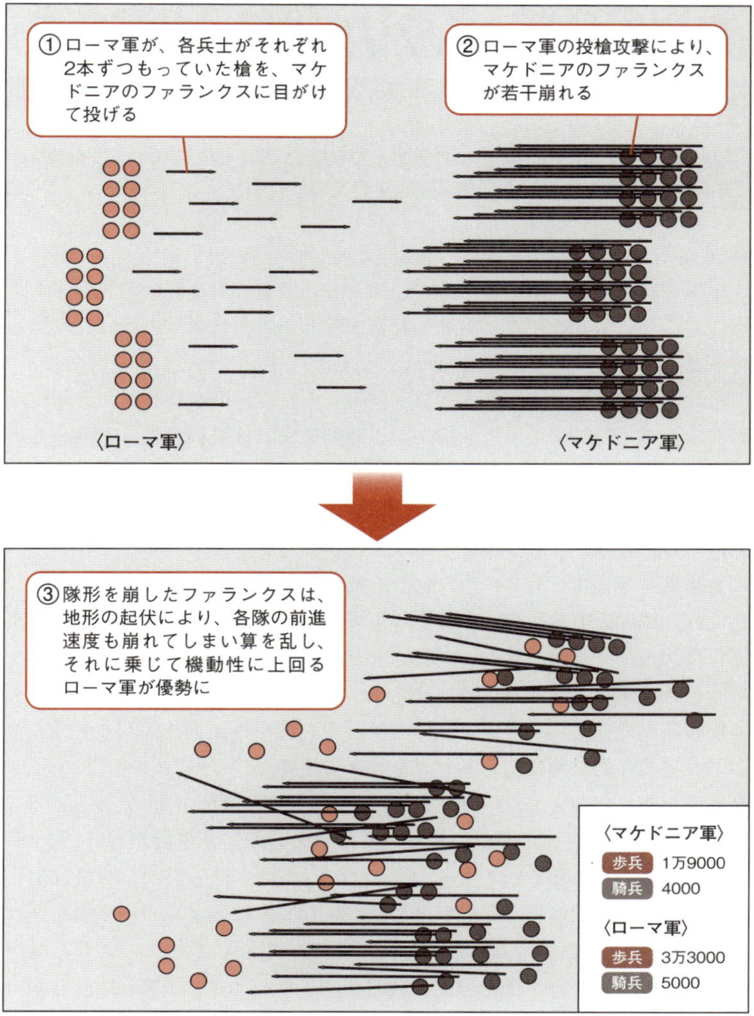
①ローマ軍が、各兵士がそれぞれ2本ずつもっていた槍を、マケドニアのファランクスに目がけて投げる
②ローマ軍の投槍攻撃により、マケドニアのファランクスが若干崩れる
〈ローマ軍〉
〈マケドニア軍〉
③隊形を崩したファランクスは、地形の起伏により、各隊の前進速度も崩れてしまい算を乱し、それに乗じて機動性に上回るローマ軍が優勢に
〈マケドニア軍〉
歩兵 1万9000
騎兵 4000
〈ローマ軍〉
歩兵 3万3000
騎兵 5000

関連項目

●重装歩兵の集合体ファランクス→No.047

No.049

鉄壁の要塞・エウリュアロスとマサダ

古代ギリシアが生んだ天才数学者・アルキメデスが、古代ローマ軍からの攻撃を防ぐために考えたとされるエウリュアロスの要塞。また、ユダヤ人もローマ軍の攻撃を防ぐためにマサダ砦を築いた。

●難攻不落の要塞の建設

軍隊が組織され、戦闘能力に差が出ると、戦力の劣る側は籠城《ろうじょう》してやり過ごすことが多くなった。兵站《へいたん》の確保が難しいとされる攻囲戦は、攻める側もどちらかといえば消極的だった。

それでも、アッシリアや古代ローマのように攻囲戦を得意とする軍隊があり、彼らと対峙する場合、街や城の防御を固める必要に迫られる。その結果、ロドス島のような難攻不落といわれる要塞《ようさい》が、各地に現れはじめた。

なかでも、ローマの攻囲戦を2年以上も耐え抜いた、**シラクサのエウリュアロスの要塞**は、誰もが認める難攻不落の要塞であった。エウリュアロスの要塞は紀元前400年頃に作られた。高さ120メートルほどの高台の上に築かれ、城の正面は三重の堀によって守られていたといわれる。要塞の東側には兵舎や貯水槽が置かれた。エウリュアロスを要塞化したのは、シラクサの天才数学者アルキメデスだった。彼は、数々の兵器を開発したが、城壁の防御力強化にも才能を発揮している。アルキメデスは、まず投石器などの兵器を効果的に使える配置を考えて城壁を作り直し、さらにいくつもの塔を建てて絶えずローマ軍の監視を怠らなかった。

ほかには、紀元前30年代に作られた**ユダヤ人のマサダ砦**が有名だ。457メートルの高台に築かれた要塞は、城門は2つのみだったが、背後は切り立った崖で、周囲は何もない不毛の地だった。攻撃側は高台から投射される弩《いしゆみ》の矢や、投石器による石弾を避ける手立てがなかった。また、城門の内側にはもうひとつ壁を設け、城門が破られたときの対策も怠らなかった。ローマ軍はおおいに悩まされたが、数カ月かけて高さ206メートルという急勾配の土手を築き、30メートルに及ぶ攻城塔を作り上げて、ついに難攻不落を誇ったマサダ砦を陥落させた。

マサダ砦

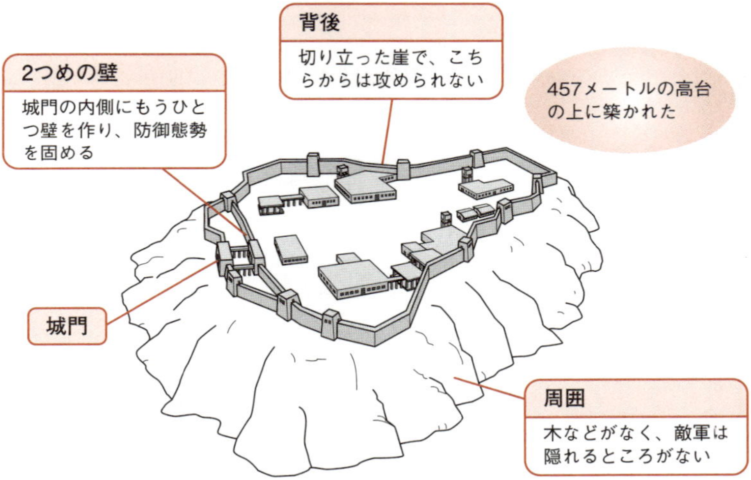
背後
切り立った崖で、こちらからは攻められない
2つめの壁
城門の内側にもうひとつ壁を作り、防御態勢を固める
457メートルの高台の上に築かれた
城門
周囲
木などがなく、敵軍は隠れるところがない

エウリュアロスの要塞

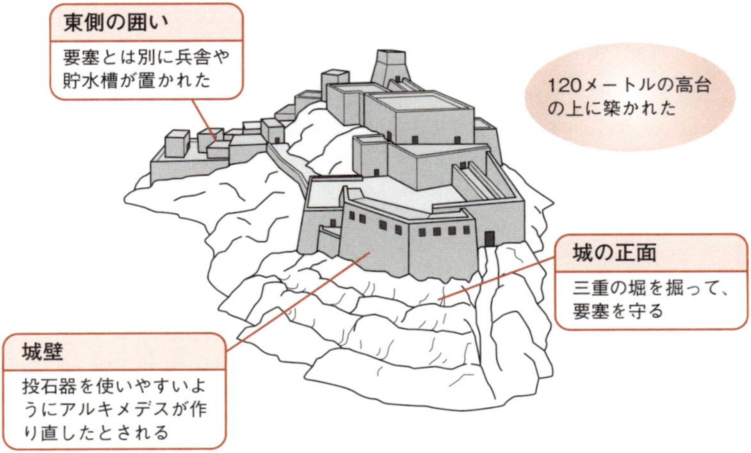
東側の囲い
要塞とは別に兵舎や貯水槽が置かれた
120メートルの高台の上に築かれた
城の正面
三重の堀を掘って、要塞を守る
城壁
投石器を使いやすいようにアルキメデスが作り直したとされる

関連項目

●古代兵器を防ぐための要塞の発展→No.004
●攻囲戦と攻城兵器の発達→No.009

古代から中世へ——火薬の発明

すでに述べたように、兵器史上には５度の兵器革命があった。最初の兵器革命である弓と投石器の発明から約3000年後、２度目の革命が起きた。それが火薬の発明である。

火薬の発明は、とくに飛翔兵器を変えた。それまでの飛翔兵器の代表格はカタパルトなどの投石器だったが、火薬の発明により鉄砲や大砲という強力な兵器が生み出されたのである。

火薬がいつどこで発明されたのかはいまだに不明だが、11世紀の中国であるという説が有力である。少なくとも、13世紀にヨーロッパに伝わったことは間違いない。また、火薬を燃焼させてモノを飛ばす方法が編み出されたのは中国だったようだ。

まず中国では「火槍」という、火縄銃の原型となったといわれる手砲が発明された。これは短時間、火炎を放射できる兵器で、おもに城の守備兵器として使われていた。

新しい兵器が発明されて、それが有効に活用できるとなると、その兵器には改良が加えられるのは当然のことで、火槍もさらなる発展をめざして研究され、さまざまな改良が施されるようになった。そして中国人は、火槍中の火薬の燃焼にモノを飛ばせる力があることを知ったのである。

こうして、遅くとも14世紀初頭までには、火薬を用いて弾丸を発射する兵器が開発された。

11世紀に火薬が発明されたとすると、火器と呼ばれる兵器が誕生するまでに200年以上という長い時間が必要だったことになる。しかし、一度開発された兵器が伝播するのは早い。その後、数十年の間に、火器のメカニズムはヨーロッパに伝えられたのである。14世紀中頃に描かれたヨーロッパの彩色画には、大きな矢が装填された大砲を見ることができる。

第3章
中国の古代兵器

No.050

中国で開発された大型の弓・床子弩

中国で開発された大型の投擲兵器・床子弩は、西洋のカタパルトに似た弩である。その大きさは、2メートルの矢を装填できるほど巨大で、弩の威力を大いに高めた。

●春秋戦国時代に開発された大型の弓

中国でも、西洋と同じように兵器として弓が発達した。より多くの矢を発射したり連射したりできるように改良が加わった小型の弓とはべつに、大型の弓も開発された。それが**床子弩《しょうしど》**（床弩《しょうど》とも）と呼ばれる弓である。

これは、弩そのものを大型化し、車両や木架の上に固定して矢を発射する投擲《とうてき》兵器である。西洋のカタパルトと比べると、射程距離、威力ともに床子弩に軍配が上がるといわれている。

春秋戦国時代（紀元前8世紀～紀元前5世紀）にすでに開発されており、『墨子《ぼくし》』に記述が残されている。絞車《こうしゃ》という巻き取り機のハンドルを回して弦を引き、牙《が》と呼ばれる固定器に弦を設置し、矢を置く。そして、棍棒《こんぼう》で牙を叩くと矢が発射する仕組みだ。

この頃の床子弩は防衛用に使われ、弦を引くのに10人以上の人員を必要としたという。装填《そうてん》する矢は2メートルにも及び､矢というより槍であった。

その後、南北朝時代、唐《とう》代、宋《そう》代に受け継がれて発展した。

大きさもさまざまで、南朝（420～587年）で開発された**神弩《じんど》と呼ばれた床子弩**は、5メートルの矢を装填できるほど巨大だったという。

床子弩はその巨大さから、装填するのに時間がかかったため、次の矢を放つまでに時間がかかるというデメリットがあった。また、いったん目標に照準を合わせてしまうと、方向転換することができなかった。そのため、主に攻城兵器として使用され、野戦で使われる場合は密集した部隊に撃ち込まれた。

ほかにも、城壁に矢を多数撃ち込んで、城壁に刺さった矢を足場にする**踏蹶箭《とうけつせん》**などの床子弩が開発された。

床子弩の構造

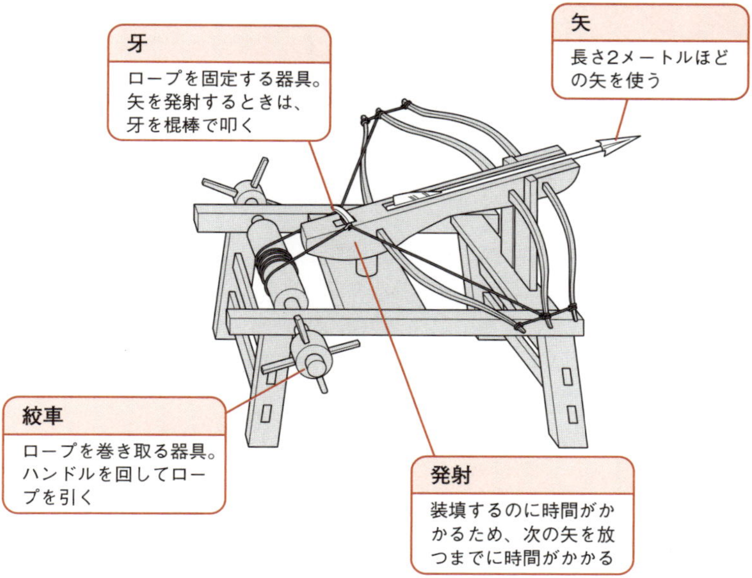
牙
ロープを固定する器具。
矢を発射するときは、
牙を棍棒で叩く
矢
長さ2メートルほど
の矢を使う
絞車
ロープを巻き取る器具。
ハンドルを回してロー
プを引く
発射
装填するのに時間がか
かるため、次の矢を放
つまでに時間がかかる

踏蹶箭を使った攻城

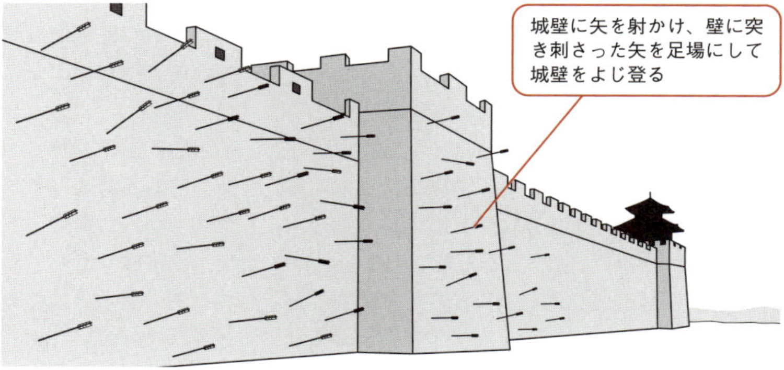
城壁に矢を射かけ、壁に突
き刺さった矢を足場にして
城壁をよじ登る

関連項目

●誰でも使える弓として開発されたバリスタ→No.016
●諸葛亮の開発といわれる連弩とは→No.051

No.051

諸葛亮の開発といわれる連弩とは

連射と大量発射が可能で、床子弩よりも小型の兵器が連弩だ。18本の矢を一度に収納できたといわれる。三国時代の諸葛亮が独自の連弩を考案したことでも知られる。

●三国時代に使われた連射式の弩

弩は弓が発展した兵器で、ひきがねを使って矢を発射する。それを連発して発射したり、一度に大量の矢を発射したりできるように開発されたのが**連弩**《れんど》である。連弩は全長が30センチメートルほどで、床子弩《しょうしど》よりはかなり小型の兵器だ。連弩には弾倉《だんそう》があり、最高で18本の矢を収納でき、ハンドルを押したり引いたりするだけで矢の装填が自動的に行われるような仕組みが施されていた。連弩は、春秋戦国時代（紀元前8世紀～紀元前5世紀）にすでに使われていた記録があり、また漢の武帝のときに李陵《りりょう》という武将が匈奴《きょうど》の単于《ぜんう》を連弩で射たという記述が残されている。

そして三国時代になると、蜀《しょく》の諸葛亮《しょかつりょう》が独自の連弩を発明する。**元戎**《げんじゅう》と呼ばれるものだが詳細は不明で、一度に10本の鉄矢を発射できたとも、10本の鉄矢を連射したともいわれている。大きさについても諸説あり、個人で携帯できるくらいの大きさだったとする説がある一方で、鉄矢の長さが18.4メートルもあったとして、台車の上に乗せて運ぶ大型兵器だったとする説もある。

『華陽国志《かようこくし》』という文献によれば、諸葛亮は連弩士と呼ばれる3000名の精鋭を選抜し、赤甲軍という部隊を作っている。また、諸葛亮は連弩を効果的に野戦で使えるように、八陣の陣形を編み出したともいわれている。

諸葛亮の連弩は、227年からはじまる対魏《ぎ》国の北伐《ほくばつ》で使用されたとされ、その最中に連弩は魏にも知られるようになった。魏の武将・馬鈞《ばきん》は諸葛亮の連弩をさらに改良し、威力を5倍以上にしたと伝えられている。また、238年、魏の司馬懿《しばい》が公孫淵《こうそんえん》を襄平《じょうへい》に攻めたとき、連弩が使用された記述が残されている。その後、明代になって、10本の矢を連発して発射する連弩が開発されたとき、諸葛亮の名にあやかって諸葛弩と名づけられた。

連弩の構造

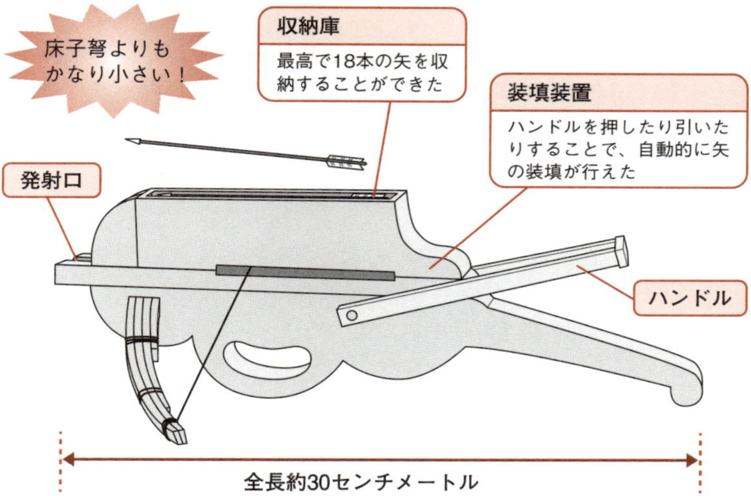
床子弩よりもかなり小さい！
収納庫
最高で18本の矢を収納することができた
装填装置
ハンドルを押したり引いたりすることで、自動的に矢の装填が行えた
発射口
ハンドル
全長約30センチメートル

伝説の兵器・元戎とは？

元戎とは、三国時代の軍師・諸葛亮が考案したといわれる伝説の兵器。詳細は不明であり、大きさについても諸説ある。

諸葛亮

大きさ

説①	説②
個人で携帯できるくらいの大きさ	鉄矢の長さが18.4メートルもあるくらいの大きさ

矢の発射

説①	説②
一度に10本の矢を発射できる	10本の矢を連射できる

関連項目

●中国で開発された大型の弓・床子弩→No.050

No.052

古代中国で発達した投擲兵器

古代ヨーロッパでも使われていたスリングと似たような兵器は、古代中国にも存在し、中国では飛石索と呼ばれた。そのほか、円盤状の鉄板を投げつける兵器もあった。

●飛石索と飛繞という投擲兵器

弩以外にも、古代中国で使われた投擲兵器は存在する。

まず、古典的な投擲兵器として、古代ヨーロッパでも最古の投擲兵器のひとつとして知られる投石紐がある。ヨーロッパではスリングというが、中国では**飛石索《ひせきさく》**と呼ぶ。

飛石索には**単股《たんこ》飛石索と双股《そうこ》飛石索の２種類**があった。

単股飛石索は、縄の先端に石つぶてをくくりつけて投げて飛ばす、単純なものである。

双股飛石索は、両端が輪っかになった長い縄の中心に石を入れる袋があり、手に輪を引っ掛けて飛ばす。袋には、複数の石を入れることも可能で、単股飛石索よりも打撃力があり、飛距離も稼げた。

この2つの飛石索の発生時期は不明だが、春秋戦国時代の戦場では使われていたようである。

ほかにも**飛繞《ひにょう》**という投擲兵器もある。

これは、円盤状をした2枚の鉄板を縄でつないで投げる兵器である。鉄板ではなく、銅板を使う場合もあったという。円盤のふちの部分は鋭く尖っており、回転させながら投げることによって、この部分で相手を切り裂いた。

飛繞は誰もが扱える兵器というわけではなく、扱いには訓練を要した。そのため、飛繞が戦場に投入される場合、熟練の者が使うわけで、その威力は大きかった。達人になれば樹木を切断し、岩すらも砕いたといわれるが、樹木の切断はともかく、本当に岩を砕けたかは疑問である。

この飛繞は、5世紀後半の南北朝時代の頃に登場したものと考えられている。

単股飛石索と双股飛石索

【単股飛石索】

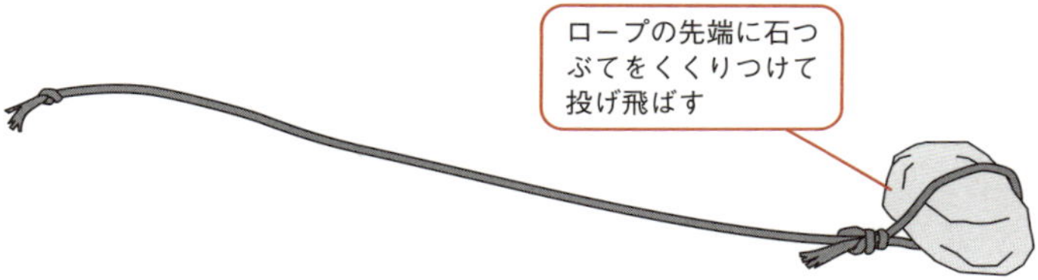
ロープの先端に石つぶてをくくりつけて投げ飛ばす

【双股飛石索】

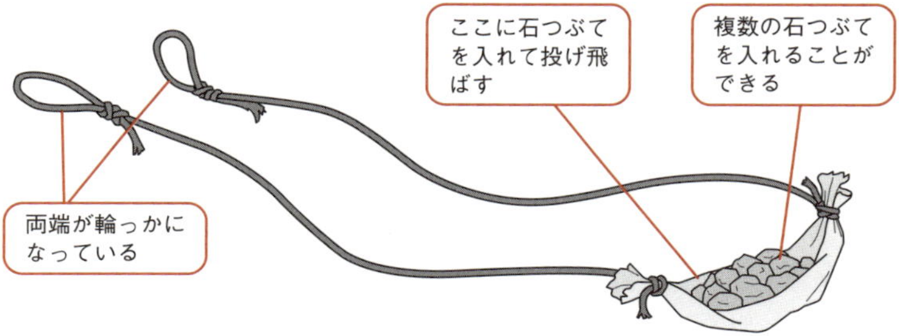
ここに石つぶてを入れて投げ飛ばす
複数の石つぶてを入れることができる
両端が輪っかになっている

飛繞

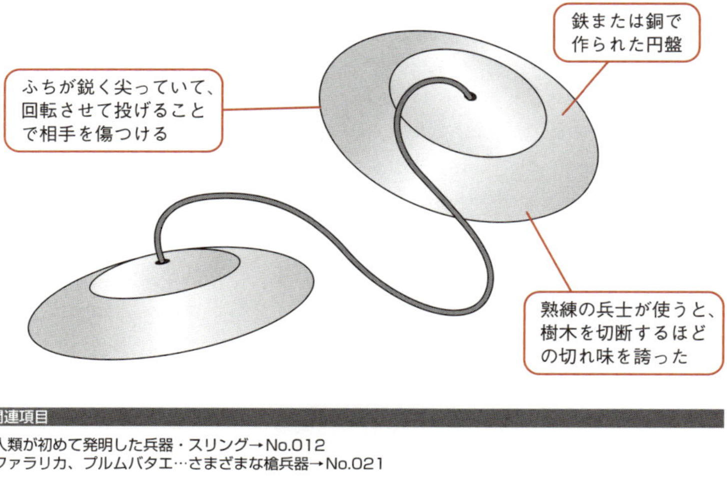
鉄または銅で作られた円盤
ふちが鋭く尖っていて、回転させて投げることで相手を傷つける
熟練の兵士が使うと、樹木を切断するほどの切れ味を誇った

関連項目

●人類が初めて発明した兵器・スリング→No.012
●ファラリカ、プルムバタエ…さまざまな槍兵器→No.021

No.053

暗器として使用された小型兵器・弾弓

「弾弓」は、その名とは裏腹に矢を放つ兵器ではない。紀元前８世紀にはすでに出現していた古代兵器のひとつで、その特性を生かして暗殺用の兵器として使用されることが多かった。

●春秋戦国時代に作られた石や鉄弾を発射する弓

弾弓《だんきゅう》は古典的な兵器ではあるが、中国ではなじみの深い兵器のひとつで、投石兵器に続いて中国で開発されたといわれている。形は弓に似ているが、弩や普通の弓よりも小さく、張られた弦の中央に皮製の袋状のものを取りつけ、矢の代わりに石弾や鉄弾をそこに設置して投げ飛ばす兵器だ。紐状の投石器から発展したもので、殺傷能力が飛躍的に高まった。また、狙いをつけやすく、命中率も上がった。

弾弓は紀元前５世紀頃までは兵器として実際に戦場で使われていたようだが、至近距離での威力は高い半面、射程距離が短かったため、同じく紀元前５世紀に登場した弩に取って代わられた。そして、その後はおもに小動物を捕まえる狩猟用に使われるようになった。

しかし、時代が進むにつれ、弾弓はその特性を生かし暗器《あんき》用の兵器として復活する。暗器とは、暗殺対象の人物に近づき確実に命を奪うための兵器である。それまでの暗器には短刀のようなものが使われており、かなり至近距離に近づかなければならなかったが、弾弓は距離をとって狙撃できたため、そのデメリットを解消できた。

弾弓は簡単に持ち運びできるように小型に改良され、石弾や鉄弾を相手の頭部に撃ち込んだ。弾弓を暗器に使うメリットとして、弓のように発射音がせず、また弾丸も小さいので敵に気づかれる恐れがないことがあげられる。さらに、弾丸の携帯や調達も、ほかの兵器に比べてきわめて簡単であったために、暗器として使われたのであろう。

ちなみに『西遊記《さいゆうき》』や『封神演義《ほうしんえんぎ》』に、中国の神・顕聖二郎真君《けんせいじろうしんくん》が扱う兵器として弾弓が登場する。二郎真君の武器としては三尖刀《さんせんとう》のほうが有名だが、彼の扱う弾弓は当然のように神技である。

弾弓の形状

弾弓とは弓を変形させた投擲兵器で、石弾や鉄弾などを飛ばした。

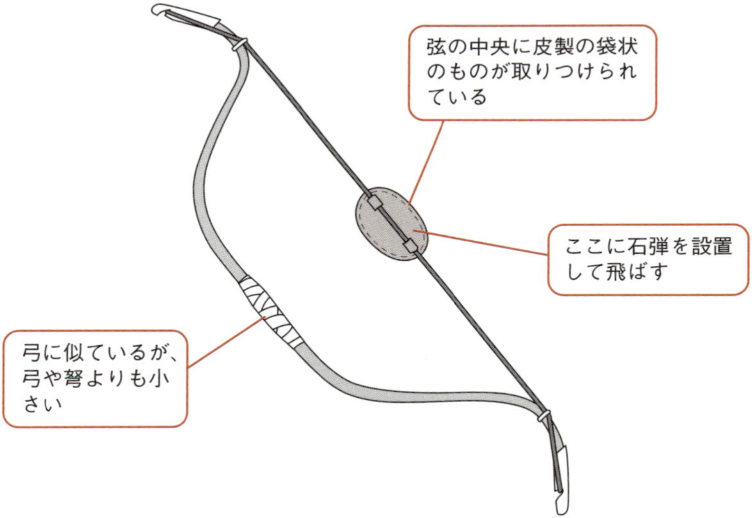
弦の中央に皮製の袋状のものが取りつけられている
ここに石弾を設置して飛ばす
弓に似ているが、弓や弩よりも小さい

弾弓の特徴

1
形は弓に似ているが、矢ではなく石や鉄弾を飛ばす。

2
至近距離での威力は高いが、射程距離が短いのが欠点。

3
時代がくだってほかの兵器が発達すると、暗器として使われるようになる。

4
弓や弩よりも小型で、簡単に持ち運ぶことができる。

関連項目

●中国で開発された大型の弓・床子弩→No.050

No.054

攻城戦で使用された中国式破城槌・衝車

中国はヨーロッパ大陸と違って、城壁の多い国であった。そのため、攻城戦がたびたび起こり、攻城兵器も開発・進歩が進んだ。「衝車」は中国式の破城槌である。

●槌を使った攻城兵器

万里の長城に代表されるように、中国では都市を守るための城壁が多く築かれ、それを挟んで対峙する戦いも多かった。野戦で強いだけでは、中国の戦いは勝ち続けられなかった。そのため、城を攻める攻城兵器、守るための防衛兵器がいくつも作られた。

衝車《しょうしゃ》は、攻城兵器のひとつで、**撞車**《とうしゃ》とよばれることもある。4輪の台車の上にやぐらを組み、そこに城壁を打ち砕くための**撞錘**《とうすい》という槌、すなわち破城槌《はじょうつい》が備えつけられている。撞錘は鉄製のものが多かった。

使い方は、やぐらの中に複数の兵士が乗り込み、振り子状の破城槌を数人がロープで操縦し、破城槌を揺すって城壁を壊した。

衝車は春秋戦国時代（紀元前8世紀～紀元前5世紀）に登場した兵器で、かなり長い間使われ続けた。なかでも、唐《とう》代783年、奉天《ほうてん》の攻防戦で使われた衝車は雲橋《うんきょう》と呼ばれ、幅が100メートル以上もある巨大なものだった。また、1851年の太平天国《たいへいてんごく》の乱での使用も確認されており、かなり息の長い兵器であったことがわかる。

衝車は攻城戦においては当時の必須兵器として重用されたが、その半面、その巨大さゆえに敵側からの攻撃目標になりやすいというデメリットを持ち合わせてもいた。

そのため、装甲を頑丈にしたり、燃やされないように何層もの革で覆ったりするなどの改良が施されたが、人力で動かすため移動速度を速めることはできなかった。衝車に対しての有効な攻撃手段は、坑道《こうどう》を掘ってその中に衝車を落として破壊する、もしくは衝車に枯れ草などをふりかけて燃やしてしまうことだった。

衝車の構造

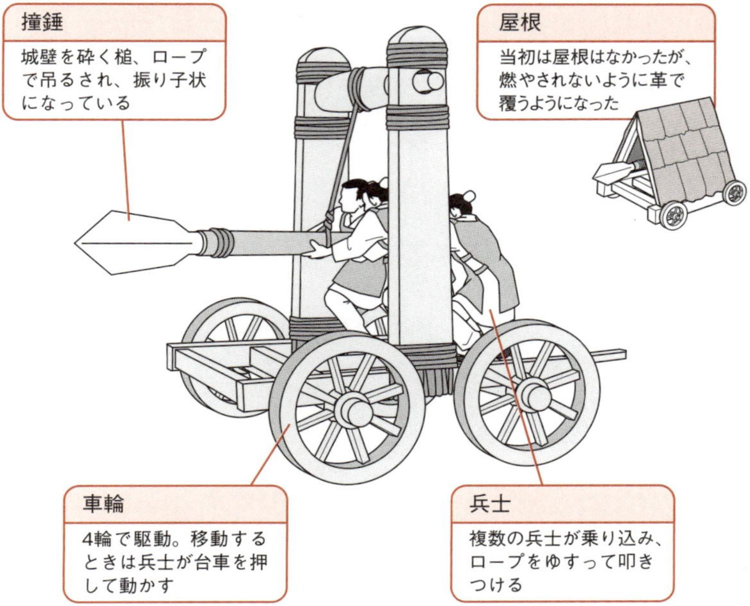
撞錘
城壁を砕く槌、ロープで吊るされ、振り子状になっている
屋根
当初は屋根はなかったが、燃やされないように革で覆うようになった
車輪
4輪で駆動。移動するときは兵士が台車を押して動かす
兵士
複数の兵士が乗り込み、ロープをゆすって叩きつける

衝車で城門を突破する

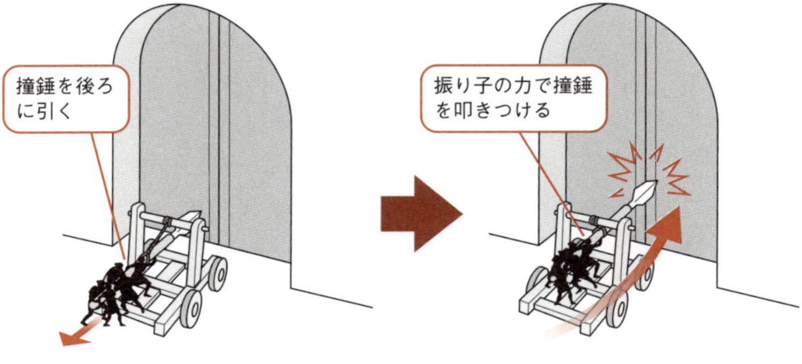
撞錘を後ろに引く
振り子の力で撞錘を叩きつける

関連項目

●攻囲戦と攻城兵器の発達→No.009
●城壁を破壊する破城槌の威力→No.041

No.055

攻城戦の必須兵器・轒轀車

中国の攻城戦で使われた攻城兵器のひとつに轒轀車がある。轒轀車とは、戦闘要員を城壁の前まで運搬する車両のことで、10人ほどが乗り込んで動かした。

●城内に突入する兵士を運ぶ車両

古代中国の兵法書である『孫子《そんし》』には、攻城はやむを得ない場合に行うものであり、その場合、やぐらや**轒轀車《ふんおんしゃ》**をまず整備し、その他攻城の道具を用意すべきであると書かれている。

ここに登場する轒轀車とは、春秋戦国時代（紀元前8世紀〜紀元前5世紀）から使われていた攻城兵器の一種である。

轒轀車は、戦闘要員を城壁まで運ぶ車両兵器で、だいたい10人の兵士が乗れる大きさだった。内部からでも動かせるように、人が乗る場所以外はすのこ状になっており、内部からも押すことで前進できるような仕組みになっていた。

春秋戦国時代の頃は平面だった屋根は、上からの攻撃に弱いということで、梁《りょう》代（548年頃）に、建康《けんこう》を包囲した侯景《こうけい》という武将が、轒轀車の屋根を三角屋根に変更したと伝えられている。傾斜をつけることで、落石などの衝撃を分散することができた。

轒轀車の前面は、城壁に到達後すぐに攻撃行動に移れるように、当初は蓋はされず無防備だったため、盾をもった兵士が前列に陣取り、前方からの攻撃を防いでいた。さらに、燃えにくいように牛の皮革で全体に装甲を施し、その上から泥を塗ることもあった。

轒轀車は大型兵器であるがゆえに移動速度が遅く、火器が発達し砲などの兵器が現れると、攻撃目標とされることとなり、戦場での役目を終えることになった。

それでも9世紀頃までは、有力な攻城兵器として使われており、「轒轀を修める」が戦争準備を整えることを意味した。

轒轀車の外観

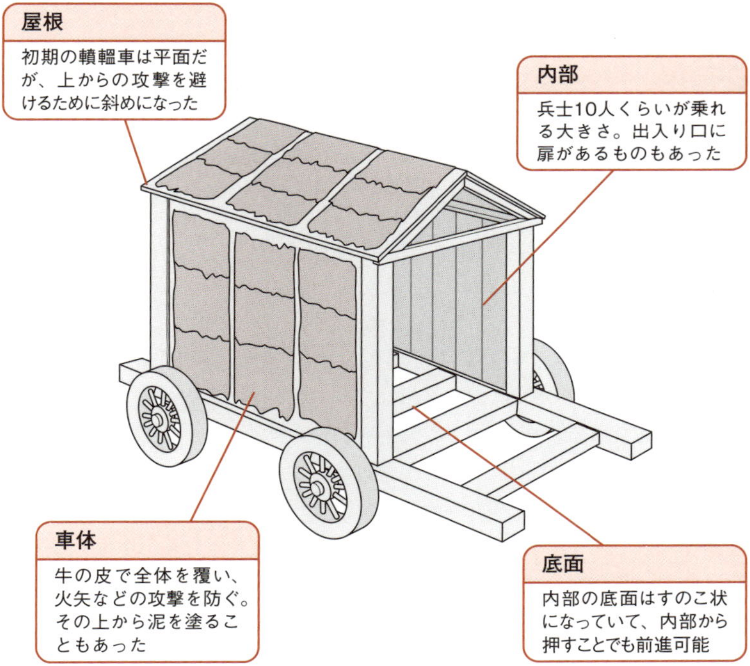
屋根
初期の轒轀車は平面だが、上からの攻撃を避けるために斜めになった
内部
兵士10人くらいが乗れる大きさ。出入り口に扉があるものもあった
車体
牛の皮で全体を覆い、火矢などの攻撃を防ぐ。その上から泥を塗ることもあった
底面
内部の底面はすのこ状になっていて、内部から押すことでも前進可能

轒轀車の使い方

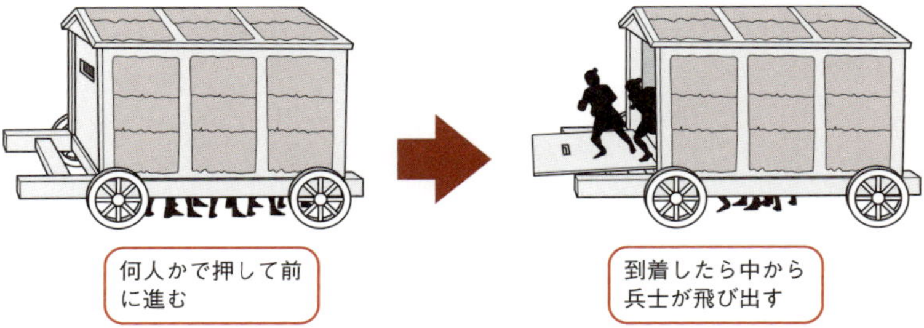
何人かで押して前に進む
到着したら中から兵士が飛び出す

関連項目

●攻城戦で使用された中国式破城槌・衝車→No.054

No.056

中国式の攻城梯子・雲梯の実態

西洋よりも攻城兵器が発達する土壌にあった中国では、高い城壁を越えるための兵器として「雲梯」が開発された。これは城壁を乗り越えるためのはしごのことである。

●折りたたみ式のはしごを搭載した、城壁を登るための兵器

高い城壁を乗り越えるために開発された攻城兵器が、**雲梯**《うんてい》である。台車の上に巨大な木製のはしごを備え、はしごは折りたたみ式になっており、その先端には城壁に引っかけるための鉤《かぎ》がついていた。

そして、はしごの先端にロープを結びつけ、ロープを引っ張ることではしごの角度を調節した。はしごの長さは攻める城によってまちまちだったが、なかには10メートルを超すものまであった。

雲梯は、春秋戦国時代の紀元前8世紀頃から使われはじめ、清《しん》の時代（19世紀頃）まで使われていたといわれるほど、戦場兵器としては優秀なものだった。発明したのは、のちに工芸の神として信仰された楚の公輸盤という人物であるといわれる。

また、台車には兵士が乗り込み、そこから弩などで攻撃した。

雲梯による攻撃への対処は、ほかの攻城兵器と同様に、まず火矢を放って燃やしてしまうことだった。しかし、それは牛の皮革で全体を覆い、泥を塗ることである程度は軽減されてしまった。

城壁から石などを落下させて破壊する方法もとられたが、はしごを長くして城壁から距離をとることで、この方法も時代を追うごとに有効ではなくなってきた。

その後、城壁の前にもうひとつ別の柵を築いて、雲梯をそれ以上進めないようにするのが、もっとも有効な防衛手段とされた。

また、三国時代（3世紀頃）には、城壁に設置して巨大な石を放り投げる城隍台《じょうこうだい》という守城兵器があり、それが雲梯の破壊に有効だったともいわれている。

雲梯の構造

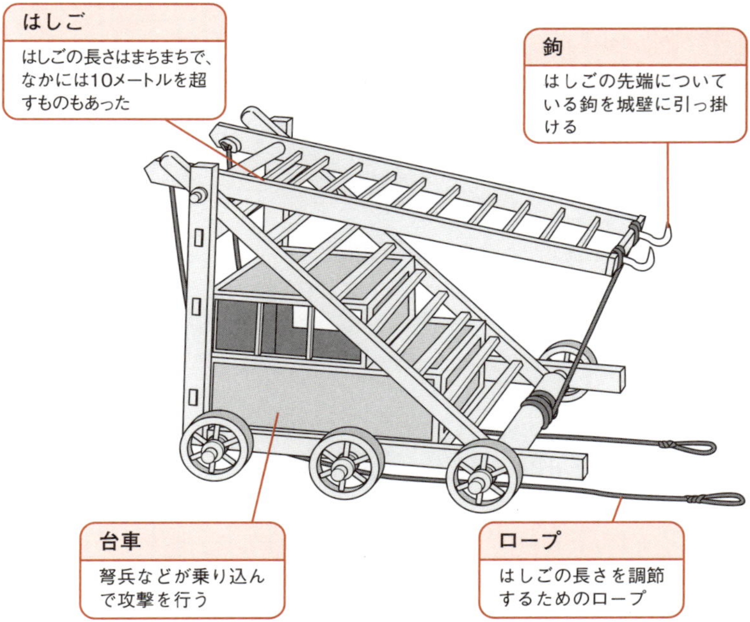
はしご
はしごの長さはまちまちで、なかには10メートルを超すものもあった
鉤
はしごの先端についている鉤を城壁に引っ掛ける
台車
弩兵などが乗り込んで攻撃を行う
ロープ
はしごの長さを調節するためのロープ

雲梯の使い方

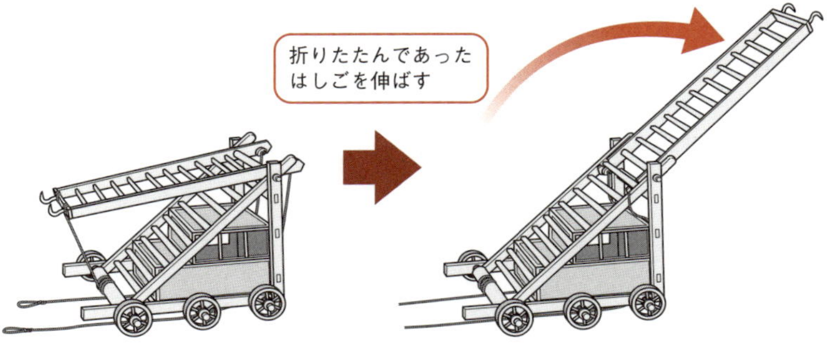
折りたたんであったはしごを伸ばす

関連項目

●攻城兵器の原点ともいえる攻城梯子とは→No.037
●雲梯よりも小型の攻城梯子・塔天車→No.057

No.057

雲梯よりも小型の攻城梯子・塔天車

三国時代に雲梯とともに使われた、攻城梯子が塔天車である。構造や使い方は雲梯と同じだが、雲梯よりも小型だったため、現場で作ることも可能だったという。

●雲梯を小型にして大量生産を可能に

雲梯《うんてい》より短いはしごを搭載した攻城兵器を、**塔天車**《とうてんしゃ》という。塔天車のはしごも折りたたみ式で、小型であるがゆえに小規模な城攻めや、機動力が必要となる攻城戦に使われた。形や使い方は雲梯と同じで、はしごの先端に鉤《かぎ》がついており、ロープを引っ張ってはしごを伸ばした。ただし、雲梯のように兵士が乗り組む箱はなかった。

塔天車は雲梯より小型なため、雲梯より大量生産が可能だった。三国時代の191年、呉《ご》の孫堅《そんけん》が荊州《けいしゅう》の劉表《りゅうひょう》を攻める際、城内に入り込むときにこの塔天車を使ったとされる。また、同じく三国時代の228年、蜀《しょく》の諸葛亮《しょかつりょう》が魏《ぎ》の陳倉《ちんそう》城を攻めたとき、100台の雲梯を作って戦いに臨んだとされているが、これはおそらく塔天車だったといわれている。このとき、陳倉城を守る魏の武将・郝昭《かくしょう》は、火矢を放って蜀軍の塔天車を焼き尽くした。

諸葛亮の場合、現地で塔天車を作成しており装甲を施すことができなかったため火矢に弱かったが、たいていの塔天車も、雲梯と同じように牛革で装甲が施されていた。また、雲梯より小回りが利いたため、柵などの障害物で前進を停められることもなかった。そこで防衛手段として用いられたのが、**叉竿**《さかん》や**抵篙**《ていこう》などの兵器だった。叉竿とは、穂先がフォーク状に二股か三股に分かれている長柄の兵器で、より攻撃力を増すように先端は非常に鋭くなっていた。これらは、全長5～6メートルに及ぶ長槍のようなものである。塔天車から、城壁にはしごが架けられるときに、二股に分かれた穂先ではしごを受け止めて、はしごを城壁に架けさせないようにした。

また、塔天車から兵士が城壁にとりついた場合には、叉竿などで城壁の上から敵兵を突き刺して、登城を阻止した。これは、雲梯の場合でも同じだった。

塔天車の形状

雲梯との違い

- 雲梯よりも小型
- 兵士が乗り込むための箱がない

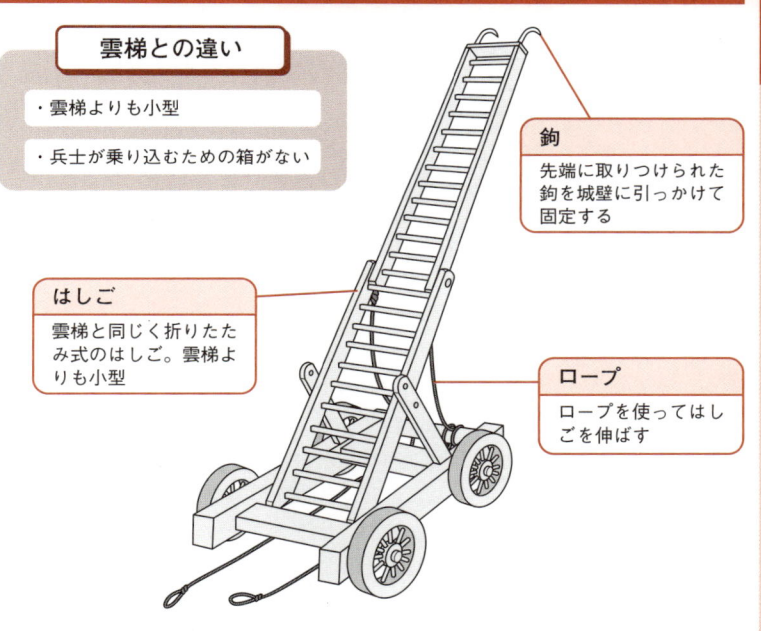

鉤
先端に取りつけられた鉤を城壁に引っかけて固定する
はしご
雲梯と同じく折りたたみ式のはしご。雲梯よりも小型
ロープ
ロープを使ってはしごを伸ばす

叉竿とは?

塔天車や雲梯で城壁に取り付いた敵兵の登城を阻止するための兵器が叉竿である。

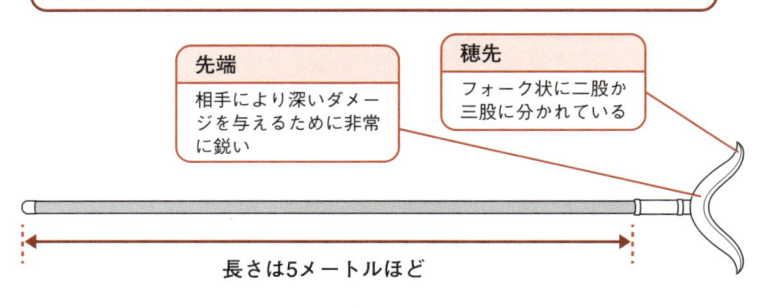

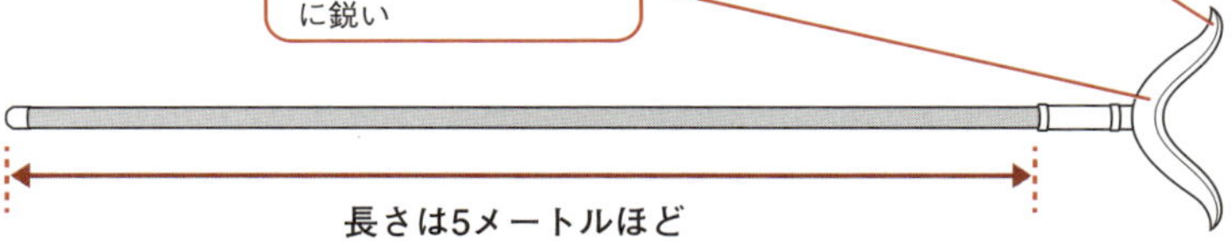
先端
相手により深いダメージを与えるために非常に鋭い
穂先
フォーク状に二股か三股に分かれている
長さは5メートルほど

関連項目

●中国式の攻城梯子・雲梯の実態→No.056
●攻城兵器の原点ともいえる攻城梯子とは→No.037

No.058

攻城戦で兵士を守るための兵器・木幔と布幔

雲梯や塔天車に乗った兵士は、城内の敵から見ればかっこうの的となった。そこで、そういう兵士たちを守るために開発されたのが「幔」だった。木製の幔を「木幔」、布製の幔を「布幔」といった。

●敵の攻撃から守るための大きな盾

雲梯《うんてい》や塔天車《とうてんしゃ》には盾のような防御兵器が設置されていなかったため、はしごを登る兵士たちは無防備になってしまい、敵側の攻撃のかっこうの目標となってしまう。

そこで登場したのが、**幔**《まん》と呼ばれる防御兵器だった。

幔は、簡単にいえば巨大な盾である。木製の幔を**木幔**《もくまん》、麻縄で分厚く編んで作られた幔を**布幔**《ふまん》といった。木幔が攻城用、布幔が守城用に使われることが多かったという。そのほか竹製の**竹幔**《ちくまん》もあった。布幔は木幔や竹幔よりも軽いため、木の竿に吊るしたまま使うこともできた。

幔は、木幔も布幔も台車の上に設置し、移動ができるようになっており、兵士の動きに合わせて盾の役割を果たした。また、火矢などで燃やされないように泥を塗って発火を防いだ。

春秋戦国時代（紀元前8世紀～紀元前5世紀）の頃にはすでに使われており、『墨子《ぼくし》』では荅《とう》と呼ばれている。しかし、後漢《ごかん》（25～220年）の頃になると荅が何を指しているのかわからなくなり、幔という呼び名に変わったとされている。

546年、東魏《とうぎ》の武将・高歓《こうかん》が、西魏を攻めたとき、幔を使用した形跡が残されている。西魏の武将・韋孝寛《いこうかん》は、高歓軍の攻撃の対抗策として、布幔を作らせ、高歓軍の攻撃を防いだという。

このように、幔は、雲梯や塔天車の防衛だけでなく、あらゆる攻撃に対する防御法として重宝された。強力な投石器や連弩《れんど》といった攻撃からも、兵士の身を守ったと伝えられる。しかし、火器が発達し火力が増すと、幔の存在意義はなくなった。

さまざまな幔

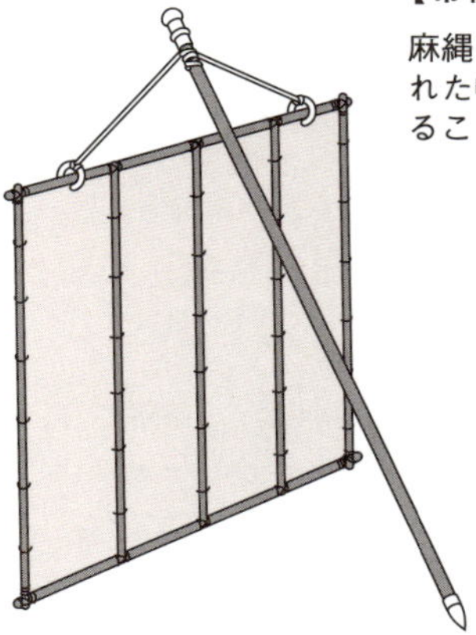

【布幔】

麻縄で分厚く編んで作られた幔。守城用に使われることが多かった。

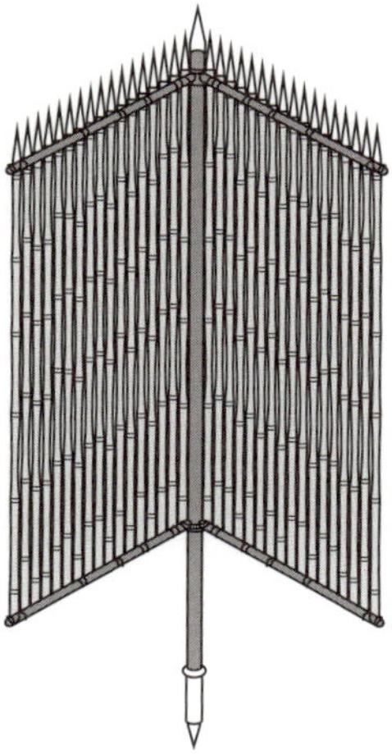

【竹幔】

竹製の幔。

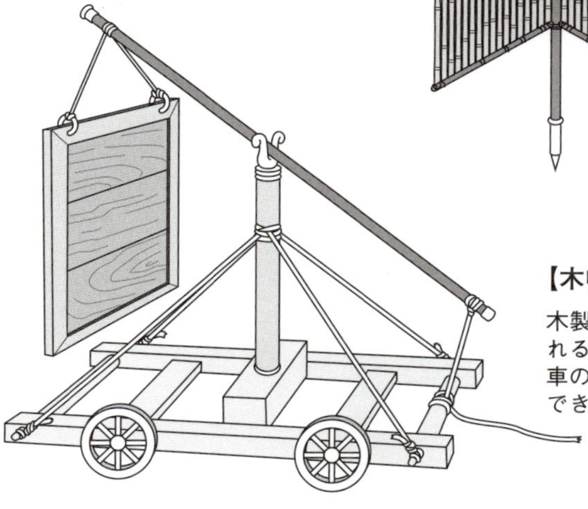

【木幔】

木製の幔。攻城用に使われることが多かった。台車の上に設置して、移動できるようになっていた。

関連項目

●中国式の攻城梯子・雲梯の実態→No.056
●雲梯よりも小型の攻城梯子・塔天車→No.057

No.059

移動する巨大な攻城塔・井蘭とは

三国志を代表する戦いの一つ、官渡の戦いで活躍した攻城兵器が「井蘭」である。全長10メートルを超える大型兵器で、袁紹は曹操をあと一歩まで追いつめた。

●城壁上の敵を攻撃するための巨大な攻城兵器

台車の上にやぐらを組んだ、移動式の巨大な攻城兵器が**井蘭**《せいらん》である。城壁の上にいる敵兵への攻撃を可能にするため、高さが10メートル以上もあるものも多く、てっぺんのやぐらには弓兵や弩兵《どへい》が配置されるのが普通だった。巨大兵器だったため、戦いのたびにその姿のまま持っていくことはできず、解体して戦場まで運び、そのつど組み立てていた。

井蘭が開発されたのがいつ頃なのかは不明だが、三国時代（3世紀）の攻城戦で使われていた。200年に勃発した曹操《そうそう》対袁紹《えんしょう》の官渡《かんと》の戦いでは、袁紹軍の井蘭が曹操をあと一歩のところまで追いつめている。

曹操がこもる官渡城を包囲した袁紹は、多数の井蘭を作り上げ、そこから無数の矢を放ち曹操を追いつめたのである。最終的には、曹操軍の発石車によって井蘭は破壊されてしまった。

弓より飛距離のある弩、諸葛亮《しょかつりょう》が発明した連弩《れんど》などと組み合わせれば、かなりの攻撃力になったはずだが、不思議なことに官渡の戦い以降の三国時代の戦役には、井蘭の名前はほぼ登場しない。

蜀《しょく》が陳倉《ちんそう》を攻めたときも、現地で調達したのは雲梯《うんてい》（もしくは塔天車《とうてんしゃ》）と衝車《しょうしゃ》だけで、井蘭を使用した記述は見られない。ほかの攻城戦でも、活躍するのはもっぱら衝車や雲梯や架橋車といった類のものである。攻城戦においては、井蘭はあくまで予備的な兵器と考えられていたようだ。その大きさから、守城側の発石車の的になりやすいという欠点もあったし、解体しやすいように木製であったことから燃えやすいということもあった。

官渡の戦いのときのように、攻城側に余裕がある場合に威力を発揮したのであろう。

井蘭の形状とデメリット

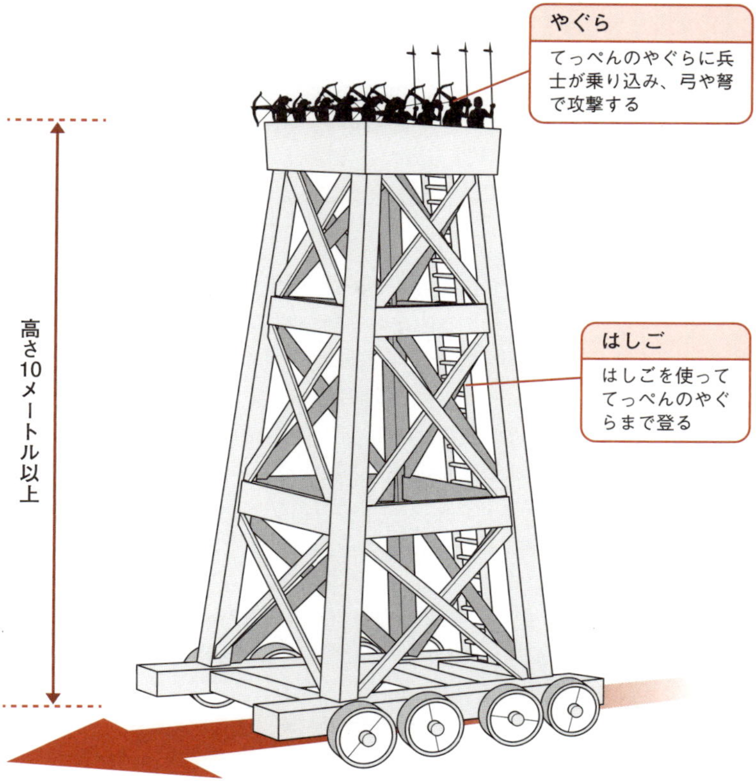
やぐら
てっぺんのやぐらに兵士が乗り込み、弓や弩で攻撃する
はしご
はしごを使っててっぺんのやぐらまで登る
高さ10メートル以上

デメリット❶

高さ10メートルという大きさのため戦場で目立ちやすく、敵側の攻撃目標になりやすい

デメリット❷

組み立て・解体をしやすくするために木を使ったため、燃えやすかった

デメリット❸

攻城側に余裕がある場合に威力を発揮する兵器であり、大兵力の部隊でないと使えなかった

関連項目

●城を攻めるための必須兵器・攻城塔の出現→No.038

No.060

敵情視察に使われた兵器・巣車とは

敵情を観察するためには、できるなら高いところから見るほうが効率がいい。そこで発明された兵器が「巣車」である。兵士が乗り込むゴンドラが上下し、高さは10メートルほどだった。

●移動式の見張り台

戦場において行わなければならないのが敵側の情報収集であり、偵察活動である。たいていの場合、長距離の移動が容易な騎兵が斥候《せっこう》として先行したり、木の上に登ったりして敵陣を視察していた。そして、戦場が平地だったり、敵陣が高い場所にあったりする場合に使われた兵器が**巣車**《そうしゃ》である。

巣車は8つの車輪が装備された移動式の車両兵器で、2、3名の兵士が乗り込んだゴンドラを上昇させることで、城壁より高い位置から城内を偵察することができた。ゴンドラには4面に窓がついていた。ゴンドラが鳥の巣を思わせることから、巣車と呼ばれるようになったと伝えられている。また、ゴンドラのことを板屋《はんおく》と呼ぶこともある。

巣車の高さは10メートル以上のものが多く、横梁《おうりょう》と呼ばれる回転式の軸にロープを取りつけて、そのロープを引くことで城壁の高さに合わせてゴンドラの位置を調整していた。

攻城戦の多かった中国では、春秋戦国時代(紀元前8世紀～紀元前5世紀)の頃、ゴンドラを固定した偵察用の車が開発されている。当時は、巣車ではなく**軒車**《けんしゃ》と呼ばれていた。この軒車は『墨子《ぼくし》』のなかでも、主たる攻城兵器12のうちのひとつに数えられている。

巣車のゴンドラは、一面を牛の皮革などで装甲されており、矢や石弾のたぐいには強く、さらに泥を塗ることで耐火性も増した。しかし、攻城兵器に分類されてはいるものの、ゴンドラには人数分の小さな窓があいているだけで、そこから攻撃を仕掛けることは困難だった。

また、巣車とはべつに、ゴンドラではなく台車の上に箱を設置しただけの偵察用兵器もあり、それは**望楼車**《ぼうろうしゃ》と呼ばれて区別された。望楼車は巣車より小さく、ゴンドラは固定式で、足場を使って上に登った。

巣車のしくみ

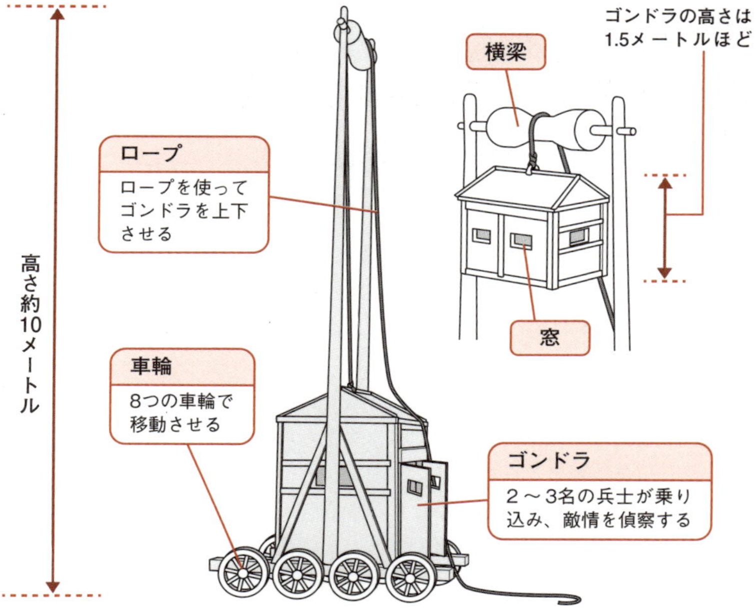
高さ約10メートル
ロープ
ロープを使って
ゴンドラを上下
させる
車輪
8つの車輪で
移動させる
横梁
ゴンドラの高さは
1.5メートルほど
窓
ゴンドラ
2～3名の兵士が乗り
込み、敵情を偵察する

望楼車のしくみ

望楼車は巣車と同じく、偵察用の車両として開発された。

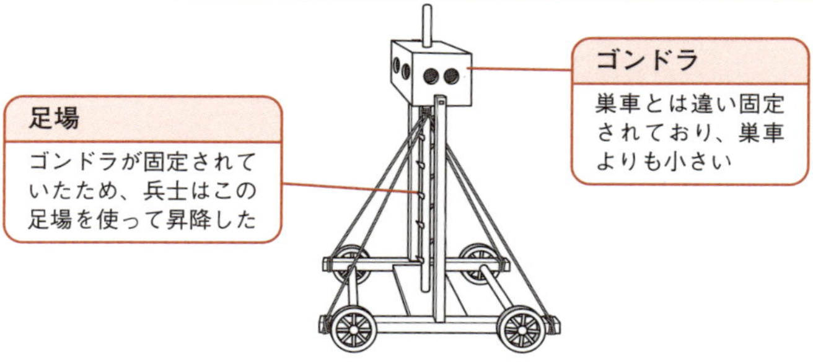
ゴンドラ
巣車とは違い固定
されており、巣車
よりも小さい
足場
ゴンドラが固定されて
いたため、兵士はこの
足場を使って昇降した

関連項目
●中国式の攻城梯子・雲梯の実態→No.056

No.061

城の堀を渡るための兵器・架橋車

城の外堀を渡るための攻城用の兵器が「架橋車」だ。壕（堀）を掘ることが城作りの基本であった中国では、攻城戦において架橋車は大いに重宝された。

●壕を渡るための折りたたみ式の橋

城郭の多くは、城の周りに壕《ごう》と呼ばれる堀を作って、外界と城郭を隔離していた。春秋戦国時代の『墨子《ぼくし》』に、次のように書かれている。城壁から6メートルの距離をとって城壕を掘り、城門の前だけに橋を架けること。そして、その橋は吊り橋にしておき、戦時には引き上げておくこと。このように記されているため、中国では古くから攻城戦には壕を越えて攻めるという難関がつきまとうことになった。

攻城側は、当然その壕を埋めたり、橋を作ったりと対応策を考えた。その過程で生まれたのが「**架橋車**《かきょうしゃ》」だった。**壕橋**《ごうきょう》と呼ぶこともある。これは、城攻めで壕を埋めるにせよ橋を作るにせよ、敵側からの妨害工作によって頓挫《とんざ》することがほとんどだったため、あらかじめ橋を作っておいて、それを台車に乗せて壕まで橋を運ぶようにしたものである。

壕の中に車輪がはまり込むように設計され、台車を押す兵士を守るために盾を設置した。この盾は兵士を守るだけでなく、橋の前後のバランスをとるという役割も担っていた。

壕の幅が広い場合は、折りたたみ式の架橋車を使用した。これは回転用の軸を使って、2つの橋をつなげたものだ。

そのほか、首尾よく城門を突破したあとに、後続部隊が渡るために架けられたものを**摺疊橋**《しょうじょうきょう》と呼んだ。守城側は、架橋車によって橋を架けられたときを想定し、壕の内側に蒺藜《しつれい》と呼ばれる、日本でいうまきびしのような障害物を大量に敷き詰めたりしていた。

ただし、橋を架けるのを敵が黙って見ているわけもなく、架橋車への攻撃はすさまじいものがあった。しかし、橋を積んでいる構造上、装甲を施すのは難しく、敵の隙をついて橋を架ける以外に方法はなかった。

架橋車の外観

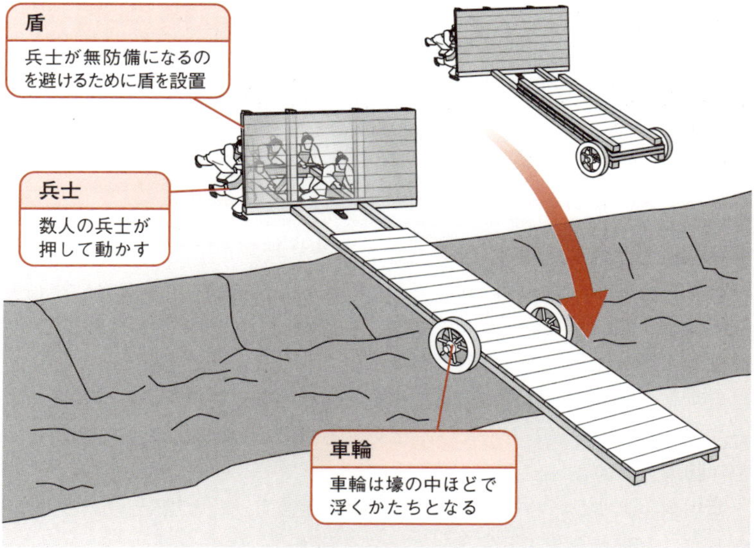
盾
兵士が無防備になるのを避けるために盾を設置
兵士
数人の兵士が押して動かす
車輪
車輪は壕の中ほどで浮くかたちとなる

摺疊橋の使い方

城門を突破したあとに、後続部隊が渡るために架けられた橋

関連項目

●城門の外に置かれた小規模な砦―関城と馬面→No.083

No.062

城壁を登ってくる敵を倒す藉車と連挺

攻城戦では城壁をよじ登ってくる敵兵を黙って見過ごすわけにはいかない。そこで考案された兵器が、石や丸太を投げ落とす「藉車」である。また、城壁上まで到達してきた敵を倒すための兵器に「連挺」があった。

●城壁を登ってくる敵に石や丸太を落とす兵器

攻城兵器を用いて城壁に取りつき、城壁をよじ登ってくる敵兵に対して守城側は、城壁の上から長槍や大斧（柄を長くした斧）で突き刺したり、弓や弩を撃ち込み、巨石や熱湯を落としたりする対抗手段をとった。

しかし、城壁に身を乗り出して攻撃を仕掛けると、敵側の攻城兵器の的となってしまい危険がともなった。それを回避するために考案された兵器が「**藉車**《しゃしゃ》」である。

藉車は、床のないバルコニーのような箱が前方へつき出た台車で、城壁を左右に移動できるようになっている。バルコニーには兵士が乗り込み、床部分に開けた穴から、石や丸太、熱湯などを落として、城壁をよじ登る敵兵を退けた。

藉車に乗れば、敵から隠れて攻撃を仕掛けることができ、藉車を複数台用意し、四方すべての城壁に数メートルおきに配置することで、より一層の効果を見込めた。たとえ敵側の攻城兵器に破壊されても、それまでに多数の敵兵を道連れにすることができた。

それでも敵兵が城壁上まで到達してしまった場合、藉車は役に立たなくなり、武器を持っての対人戦となる。このとき重宝されたのが、**連挺**《れんてい》と呼ばれる守城兵器だった。

連挺は6メートルほどの長い柄に、鉄のとげがついた棍棒《こんぼう》を鎖でつないだ武器で、振り回すことで死角をなくして、敵兵に叩きつければ甲冑《かっちゅう》や兜《かぶと》の上からでも致命傷を与えることができた。

藉車は春秋戦国時代（紀元前8世紀～紀元前5世紀）を通じて使用され、『墨子《ぼくし》』では守城の要とも書かれている。

藉車の形状とメリット

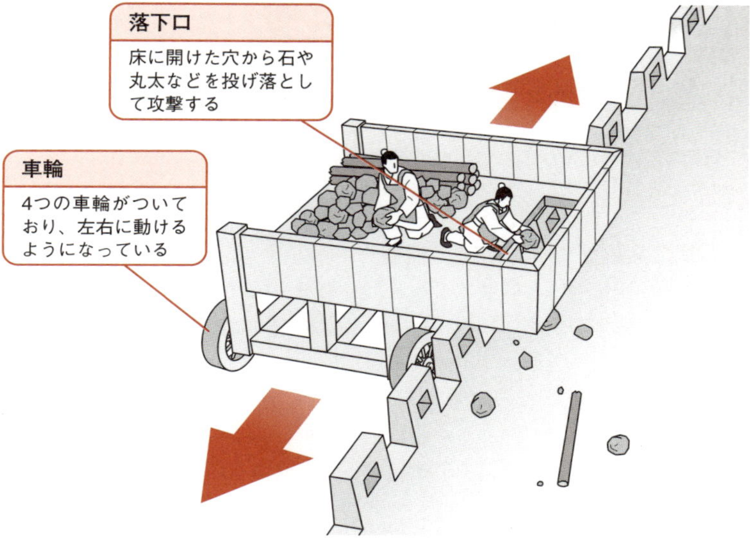
落下口
床に開けた穴から石や丸太などを投げ落として攻撃する
車輪
4つの車輪がついており、左右に動けるようになっている

メリット ❶

敵から隠れて攻撃を仕掛けることができ、複数台用意すればいっそうの効果を見込める

メリット ❷

四方すべての城壁上に設置することで、死角をなくせる

連挺とは?

敵兵が城壁上に到達したときに戦うための攻撃兵器。鉄のとげがついた棍棒を振り回して攻撃する。

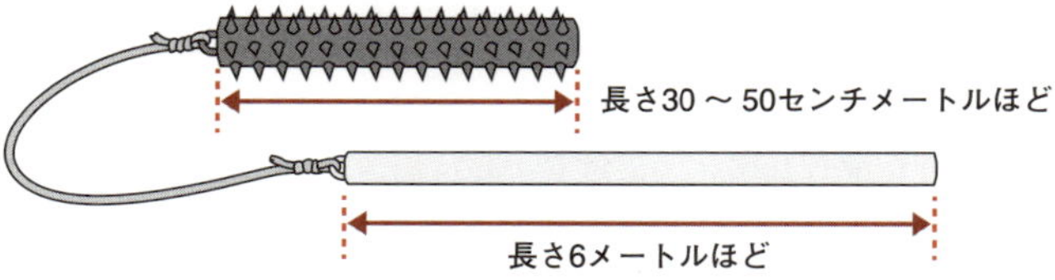
長さ30 ～ 50センチメートルほど
長さ6メートルほど

関連項目

●移動する巨大な攻城塔・井蘭とは→No.059

No.063

城門を破られたときに活躍した塞門刀車

敵に城門を破られた際に使われた車両兵器が「塞門刀車」である。2輪の車両に刀状の突起が取りつけられており、敵を寄せつけないような工夫がほどこされていた。

●刀状の突起がついた防御用兵器

春秋戦国時代の頃、城壁は石造りだったが、城門はたいてい木造だった。そのため、敵軍の攻撃は城門に集中し、守勢側は城門を破られたときの対策が必要だった。

そこで開発されたのが、「**塞門刀車**《さいもんとうしゃ》」と呼ばれる2輪の車両兵器である。塞門刀車は、台車の前面に板を張り、その板に刀状の刃が無数にとりつけられた守城兵器である。塞門刀車はたいてい城門と同じ大きさに作られており、城門が破られた際、バリケードのようにこの車両で城門をふさいで、敵兵の侵入を防いだ。兵士が乗り込めるように改良されたものもあり、防御と攻撃を同時に行うこともあった。

また、城壁が壊されたときにも同じような使い方をした。そのため、塞門刀車は複数台を用意して、大事に備えていた。

塞門刀車の発展として、城壁の女墻《じょしょう》が崩落したときに使った**木女頭**《もくじょとう》という車もあった。女墻とは、城壁上部の凸凹した部分のことをいい、城壁上の兵士たちが矢を避けるための一種の盾の役目を果たした。木女頭は、その女墻が破壊されたときに、塞門刀車と同じように崩壊した部分にバリケード代わりに置かれた。高さは約185センチメートルほどだったという。塞門刀車とは違って鋭い刃はついておらず厚みもなかったが、バリケードとしては十分な効果を発揮した。

また、城門を破られ城郭内に敵兵の侵入を許すと、城内の市街地での戦闘を余儀なくされる。その際に、専用の塞門刀車が使われた記録がある。それが**虎車**《こしゃ》、**象車**《ぞうしゃ》と呼ばれた兵器である。台車の上に虎や象のハリボテを置き、その前面に多数の槍を仕込んで敵兵に突進したという。虎車は1輪、象車は4輪とされていた。

塞門刀車の形状

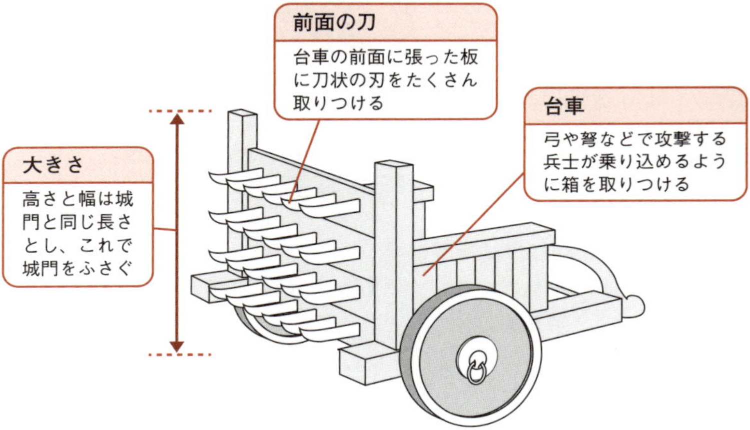
前面の刀
台車の前面に張った板に刀状の刃をたくさん取りつける
台車
弓や弩などで攻撃する兵士が乗り込めるように箱を取りつける
大きさ
高さと幅は城門と同じ長さとし、これで城門をふさぐ

塞門刀車の発展型

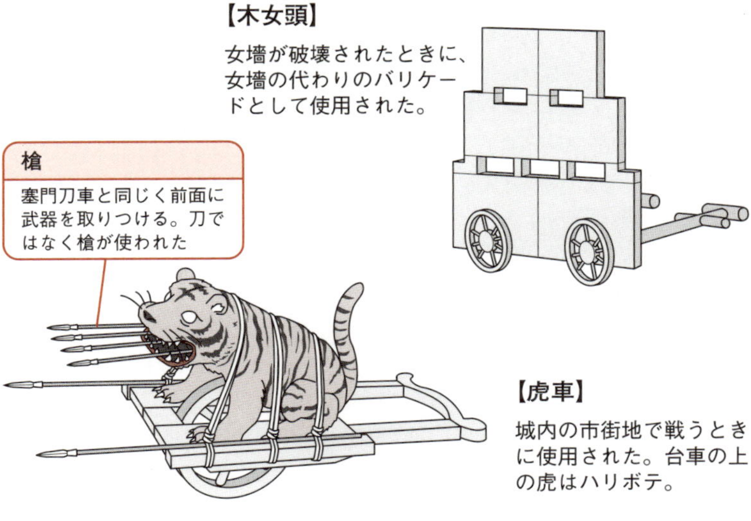
【木女頭】
女墻が破壊されたときに、女墻の代わりのバリケードとして使用された。
槍
塞門刀車と同じく前面に武器を取りつける。刀ではなく槍が使われた
【虎車】
城内の市街地で戦うときに使用された。台車の上の虎はハリボテ。

関連項目

●攻城戦で使用された中国式破城槌・衝車→No.054
●城門を守るための防御兵器・懸門とは→No.084

No.064

多数の釘が相手を痛めつける狼牙拍

守城用の兵器として作られた「狼牙拍」は、多数の釘を打ちつけた重い板状の兵器で、城壁の上から落下させて相手を苦しめた。ロープがついているため、投げっぱなしではなく回収可能な兵器であった。

●多数の鉄釘を打ちつけた重い板

城壁をよじ登る敵兵に対し、城壁上部から敵兵の頭上に落下させて致命傷を与える兵器が**狼牙拍《ろうがはく》**である。

中国では、狼牙の名のつく武器・兵器が数多くある。鉄釘をたくさん打ちつけた様を狼の牙に見立てたもので、狼牙拍もそのなかのひとつである。狼牙は、もともと鋭い突起物がついた殳《しゅ》という武器を発展させたもので、たとえば、『水滸伝《すいこでん》』に登場する秦明《しんめい》が使う殳は槍状の穂先に多数の鉄釘がついており、狼牙棒と呼ばれている。

狼牙拍は、縦の長さが約1.5メートル、横の長さが約1.3メートル、厚さ9センチメートルの板に、狼牙釘と呼ばれる鉄釘を約2000個も打ち込んだ守城兵器で、城壁の上から城壁に取りついている敵兵めがけて落下させた。四方には鉄輪がつけられ、そこに麻紐を通して吊り天井のように仕立て、投げ落としたあとに回収することができた。こうしたハンドルつきの巻き上げ機を絞車《こうしゃ》と呼んだ。

藉車《しゃしゃ》と同じように、狼牙拍も複数個が作られ城内に配備されていた。しかし、これら守城兵器だけでは守りきれない場合もあるので、城壁上からの攻撃を藉車や狼牙拍だけに頼ることはタブーとされた。そこで、狼牙拍などの守城兵器要員だけでなく、石つぶてや連挺《れんてい》といった手持ちの兵器を装備した兵士も待機し、守りを固めたのである。

また、狼牙拍が上から敵兵を突き刺す兵器であるのに対し、城壁直下に先の尖った木の杭を打ち込んでおくこともあった。春秋戦国時代の『墨子』には、先の尖った杭を5重に打ち込み、地面から40センチメートルばかり突出させておくのがよいとされている。

狼牙拍の形状

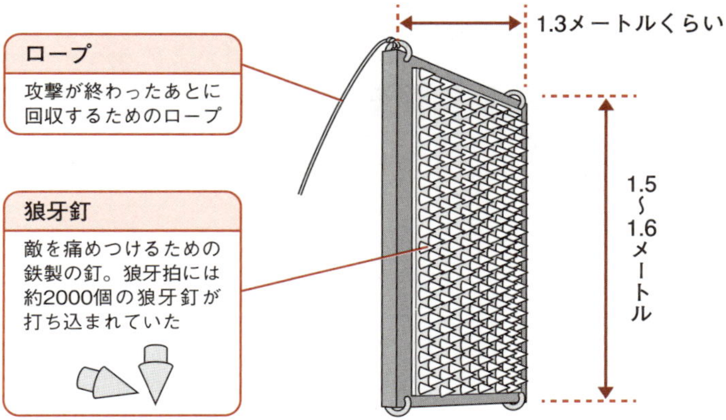
1.3メートルくらい
ロープ
攻撃が終わったあとに回収するためのロープ
狼牙釘
敵を痛めつけるための鉄製の釘。狼牙拍には約2000個の狼牙釘が打ち込まれていた
1.5~1.6メートル

狼牙拍の使い方

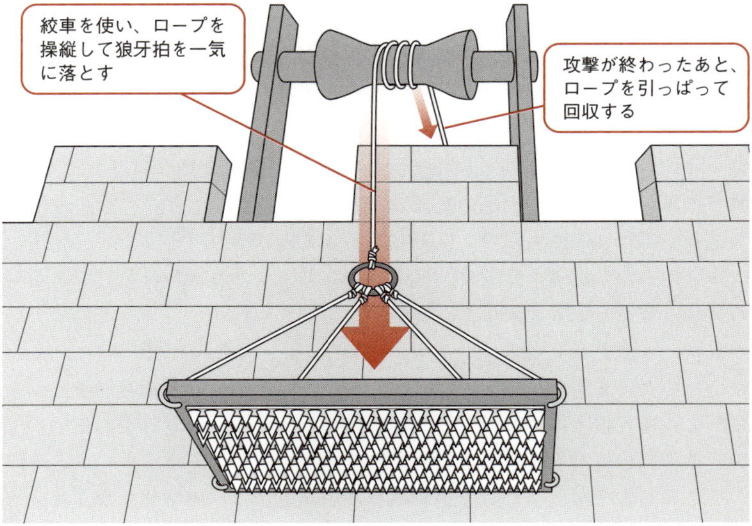
絞車を使い、ロープを操縦して狼牙拍を一気に落とす
攻撃が終わったあと、ロープを引っぱって回収する

関連項目

●城壁を登ってくる敵を倒す藉車と連挺→No.062
●城壁をよじ登る敵兵を打ち倒す夜叉檑→No.065

No.065

城壁をよじ登る敵兵を打ち倒す夜叉檑

夜叉檑とは、城壁にとりついた敵兵めがけて落下させる兵器のこと。両端につけられた円盤が、車輪のように回転して城壁の傾斜に沿って敵の頭上に転がり落ちる守城兵器である。

●両端の円盤が車輪のように回転して攻撃

狼牙拍《ろうがはく》と同じく、城壁に取りついた敵兵めがけて落下させる兵器に、**夜**《や》**叉檑**《しゃらい》というものがある。これは、大きな丸太に、狼牙拍のような鉄釘を埋め込んだ兵器で、両端に木製の円盤を取りつけることで城壁をうまく転がるようになっている。また、こうすることで、檑の鉄釘と城壁がぶつかって、壁を破損させることがなくなる。長さは約3メートル、直径は約30センチメートルほどだった。

春秋戦国時代の頃にはすでに存在しており、『墨子』には檑の字だけが登場する。檑とは、丸太から発展した兵器全般を指す。夜叉檑がいつどこで作られたのかは不明だが、そのほかにも**泥檑**《でいらい》、**磚檑**《せんらい》といった丸太の兵器が存在することから、中国では丸太に細工を施した兵器がポピュラーだったようだ。また、夜叉檑と同型の兵器である泥檑や磚檑には鉄釘はなく、重さと固さに殺傷能力を求めた兵器であった。

初めの頃は、これら檑は一度落としてしまえばそれっきりで、再利用はできなかった。泥檑や磚檑は、丸太と泥、粘土があれば作れたので、素材の調達も製造も比較的簡単だったからだ。

しかし、夜叉檑になると、なかには2200個もの鉄釘を打ちつけたものがあったというから、作るのにも手間がかかり、部品の調達も簡単ではない。それに、敵方にわたってしまうと武器として再利用されかねないので、狼牙拍と同様に絞車《こうしゃ》を使って引き上げていた。

上からものを落として敵を追い払うという方法は、原始的ながら効果を見込める方法で、ほかにも、液体になるまで熱した鉄や銅を城壁に流したり、糞尿を使って相手の傷口を化膿させたりといった手段もとられた。

夜叉檑の形状

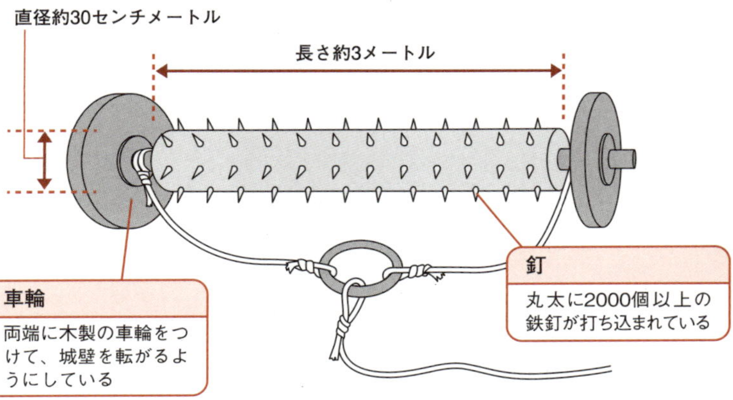
直径約30センチメートル
長さ約3メートル
車輪
両端に木製の車輪をつけて、城壁を転がるようにしている
釘
丸太に2000個以上の鉄釘が打ち込まれている

夜叉檑の使い方

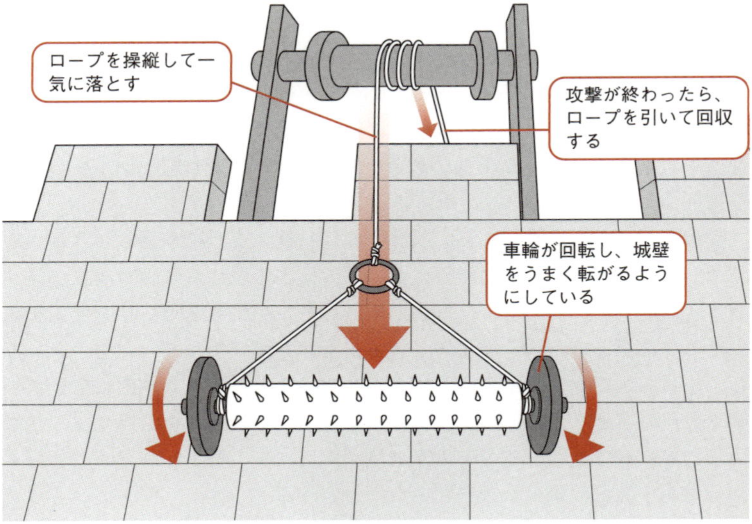
ロープを操縦して一気に落とす
攻撃が終わったら、ロープを引いて回収する
車輪が回転し、城壁をうまく転がるようにしている

関連項目

●多数の釘が相手を痛めつける狼牙拍→No.064

No.066

穴攻とトンネル防御用の設備

地面に穴を掘って城内に侵入する「穴攻」という方法に対し、守城側も対策を講じた。それが、地面を掘り進む音を甕に振動させて探知する「地聴」である。また、トンネル内での戦い方も紹介する。

●穴を掘って城を落とす

攻城側は、さまざまな攻城兵器を用いて城を破壊にかかる。この場合、攻撃にさらされるのは城門であり、城壁である場合が多い。それとは別に、地面に穴を掘って城内に侵入するという攻撃方法もある。これは、紀元前5世紀の春秋戦国時代の頃には、「**穴攻**《けっこう》」という方法として一般化していた。

穴攻を防ぐには、守城側は、まず敵の穴攻を事前に察知する必要があった。気づいたときすでに城門の直下まで掘り進められては、落城は間近である。そのための探知法として、甕《かめ》を地中に埋めておく方法がある。この甕を「**地**《ち》**聴**《ちょう》」という。薄い革を張った甕を城内の地中に埋め、耳のいい兵士が、張った革の部分に耳を当てて、地中を掘り進む音を聞いてトンネルの位置を探した。トンネルを掘り進める音が甕に共振するのである。また、甕の中に水をなみなみと注ぎ、水面が波打つ様を観察してトンネルの位置を把握したりもした。

敵のトンネルを発見したら、次はそれに対抗する手段が講じられる。まず第一に埋めてしまうことであるが、城外に出て埋めるにはリスクが高すぎる。そのため、同じように城内からトンネルを掘り進め、敵の侵入を防ぐために**連板**《れんばん》という大きな仕切り板で道をふさぎ、やってきた相手を、連板にあけられた穴から槍を通して攻撃した。また、トンネル内に素焼きの筒を設置し、そこからふいご状の送風器を使って毒ガスを噴射する方法もあった。乾燥させたカラシを大量に燃やすだけで、激しい刺激ガスとなり、敵を撃退するには十分な効果があったという。

ちなみに、三国時代の199年、袁紹《えんしょう》が公孫瓚《こうそんさん》のこもる易京《えきけい》城を攻めたとき、地下道を掘り進んで城内の楼閣《ろうかく》をことごとく破壊し、難攻不落といわれた易京城を見事に陥落させた。これは穴攻が成功した一例である。

敵の侵入を防ぐ方法

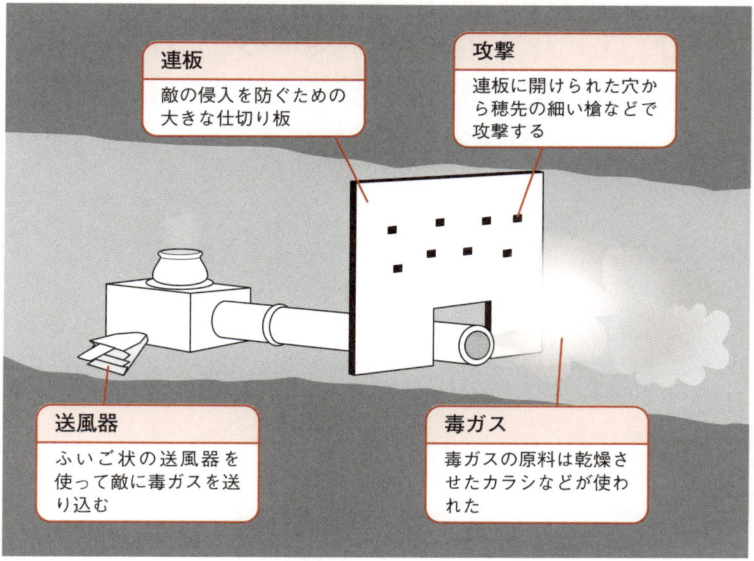
連板
敵の侵入を防ぐための大きな仕切り板
攻撃
連板に開けられた穴から穂先の細い槍などで攻撃する
送風器
ふいご状の送風器を使って敵に毒ガスを送り込む
毒ガス
毒ガスの原料は乾燥させたカラシなどが使われた

地聴とは?

地聴は、地下にトンネルを掘って進む敵を発見するために使われた。

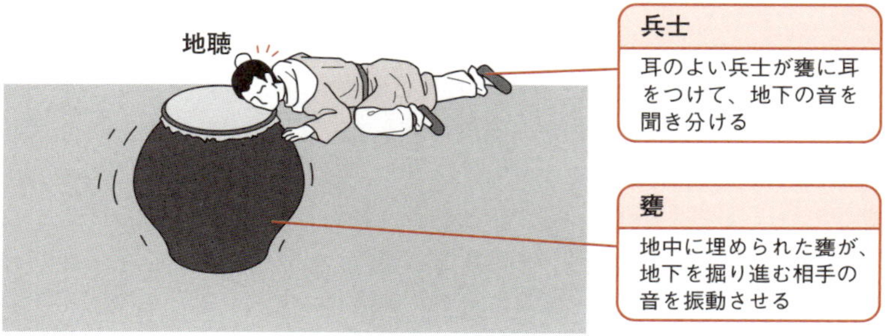
地聴
兵士
耳のよい兵士が甕に耳をつけて、地下の音を聞き分ける
甕
地中に埋められた甕が、地下を掘り進む相手の音を振動させる

関連項目

●城門を守るための防御兵器・懸門とは→No.084

No.067

中国式の巨大投石器・発石車とは

発石車は、三国時代の戦乱の時期に現れた投擲兵器である。てこの原理を使ってものをほうり投げる兵器で、『三国志』で有名な官渡の戦いでも使われた。

●中国製の投石器

西洋のカタパルトと同じような投石器が、中国で頻繁に使われるようになったのは三国時代といわれている。中国の投石器は正式には**発石車**《はっせきしゃ》というが、一般的には**霹靂車**《へきれきしゃ》と呼ばれることのほうが多い。霹靂車とは、官渡《かんと》の戦いで曹操《そうそう》軍の発石車に敗れた袁紹軍《えんしょうぐん》が名づけた名称である。

発石車は、台車の上に5メートルほどの組み木を積んで組み立てる。ほぞをかませて組み立てるので、壊れにくかった。砲架の上に砲軸《ほうじく》といわれる回転する軸を据えて、そこに梢《しょう》と呼ばれる8メートルにも及ぶ長いバーをほぞで固定し、てこの原理を使って皮袋に石弾を入れて、城壁や敵兵めがけて放り投げる。弾に使ったのは石だけでなく、獣の死骸などを投げつけて疫病《えきびょう》を蔓延《まんえん》させたりすることもあった。

西暦200年に起こった官渡の戦いで、曹操軍の将軍・劉曄《りゅうよう》が開発した発石車は、車に乗せられていて移動できた。しかし、以降の戦場で使われる場合は、発石車が巨大で、たいていは現地で作られたこともあって、車輪がついていないことが多かった。

発石車は人力で操作されるため連射がきかず、さらに1回飛ばしたら2発目を発射するまでに時間がかかるというデメリットがあった。また、距離が遠くなれば当然威力も半減した。また、幔《まん》での防御がかなりの効果を発揮したようでもある。そして、砲軸が回転するとはいえ方向を変えることはできず、発射方向の融通がきかなかった。

3世紀中頃の三国時代、魏《ぎ》の馬鈞《ばきん》が、大型のホイールに多数の石弾を吊り下げて、ホイールを高速回転させることで連射を可能にするという発石車を考案したが、実際に作られることはなくお蔵入りしてしまったとされている。

発石車のしくみ

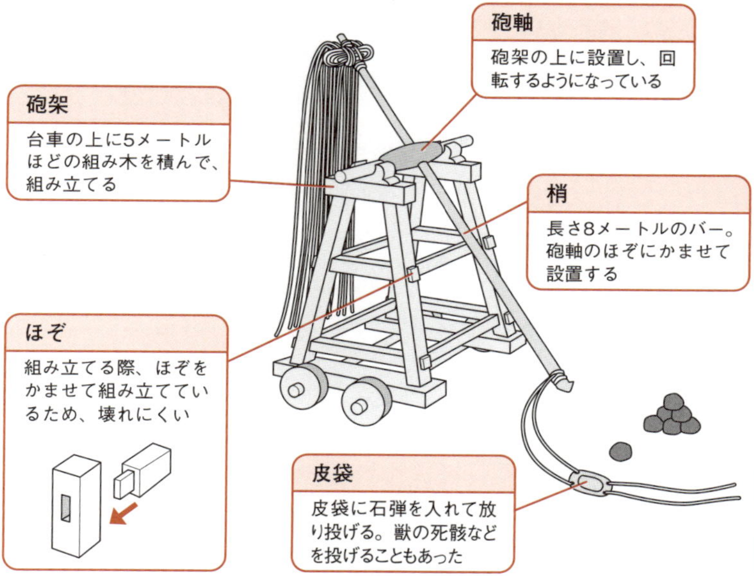
砲軸
砲架の上に設置し、回転するようになっている
砲架
台車の上に5メートルほどの組み木を積んで、組み立てる
梢
長さ8メートルのバー。砲軸のほぞにかませて設置する
ほぞ
組み立てる際、ほぞをかませて組み立てているため、壊れにくい
皮袋
皮袋に石弾を入れて放り投げる。獣の死骸などを投げることもあった

発石車の使い方

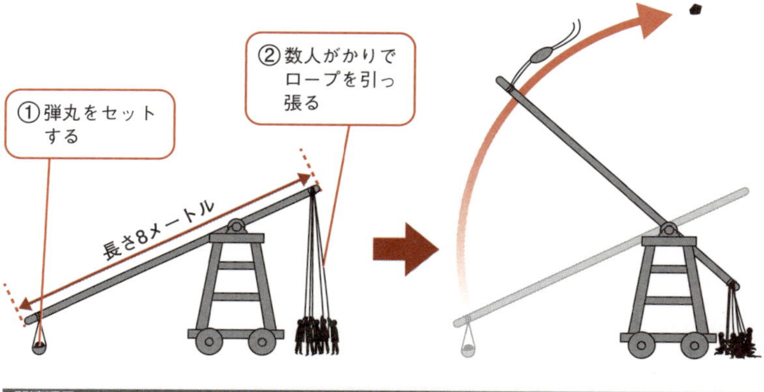
②数人がかりでロープを引っ張る
①弾丸をセットする
長さ8メートル

関連項目

●巨大な投石器カタパルトの登場→No.013
●発石車が登場した官渡の戦い→No.068

No.068

発石車が登場した官渡の戦い

中国三国時代の趨勢を決定づける重要な戦い・官渡の戦い。この戦いに勝利した曹操は、一気に中原の覇者となるが、このとき曹操を救ったのは発石車という兵器の活躍であった。

●曹操を救った発石車の活躍

西暦200年、三国時代の趨勢を決定づける重要な戦争が起こった。それが、曹操《そうそう》と袁紹《えんしょう》の間で争われた官渡《かんと》の戦いである。

当時、有名無実と化した後漢《ごかん》王朝をさしおいて、中原の覇権を争っていた両者が本格的に武力衝突をした戦いである。曹操軍が1万、袁紹軍が10万（兵数には諸説ある）という兵力を投入した戦いとなった。

曹操は、当初は袁紹軍を相手に互角以上の戦いを繰り広げたが、徐々に袁紹軍の数に押されて官渡城に籠城《ろうじょう》することになってしまった。

袁紹は、土塁を築いて防備を固めつつ、地下道を掘り進んで官渡城に迫ったが、曹操も同様のものを作って対抗した。次に袁紹は、多数の井蘭《せいらん》を作り上げ、そこから官渡城内へ向けて矢を射らせた。降り注ぐ矢の雨に、曹操軍は防戦一方となり士気は衰えた。

この劣勢を挽回するために、曹操軍の武将・劉曄《りゅうよう》が発石車《はっせきしゃ》のアイデアを曹操に進言し、曹操はそれを受けてただちに発石車を作り上げた。そして、発石車から放たれる多数の石弾は、袁紹軍の井蘭をたちまちのうちに破壊し、曹操の窮地を救ったとされている。

このとき劉曄が作った発石車は移動可能で、てこの原理を使っていたことから、宋代に書かれた『武経総要《ぶけいそうよう》』に残されている発石車と大差ないものとされている。

この発石車を、袁紹軍では霹靂車《へきれきしゃ》と呼んで恐れたことから、発石車のことを霹靂車と呼ぶこともある。

官渡の戦いは、この後、曹操が袁紹軍の兵糧庫のある烏巣《うそう》を奇襲して大勢を決したわけだが、官渡城を守りきった劉曄の発石車の活躍も、官渡の戦いのひとつの分岐点だった。

官渡の戦い要図

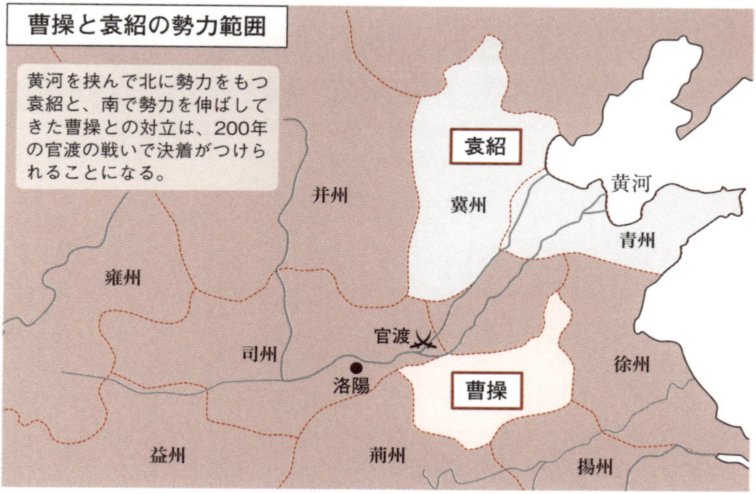
曹操と袁紹の勢力範囲
黄河を挟んで北に勢力をもつ袁紹と、南で勢力を伸ばしてきた曹操との対立は、200年の官渡の戦いで決着がつけられることになる。
袁紹
黄河
并州
冀州
青州
雍州
官渡
司州
洛陽
曹操
徐州
益州
荊州
揚州

官渡の戦いの発石車

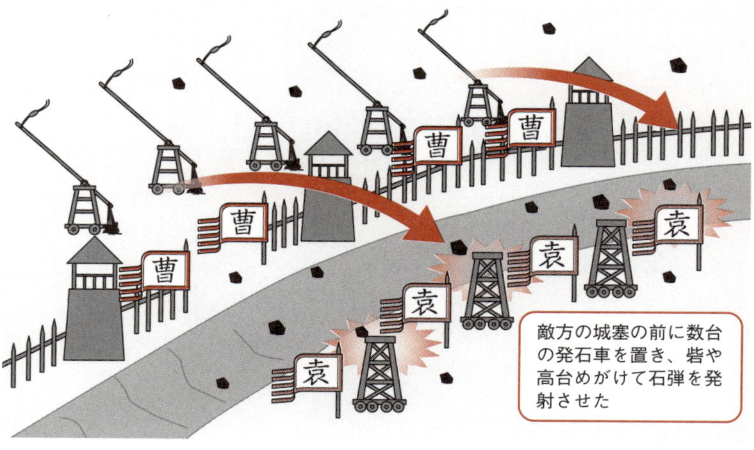
曹
曹
曹
曹
袁
袁
袁
袁
敵方の城塞の前に数台の発石車を置き、砦や高台めがけて石弾を発射させた

関連項目

●中国式の巨大投石器・発石車とは→No.067
●移動する巨大な攻城塔・井蘭とは→No.059

No.069

中国で開発された防御兵器・拒馬槍

敵の進軍を阻むために作られた防衛兵器のひとつに、「拒馬槍」というものがある。主に騎兵の進軍を阻止するための兵器として、古代中国の戦場で活躍した。

●敵兵の突撃を防ぐための野戦兵器

拒馬槍《きょばそう》とは、敵の進軍を阻むために作られた防衛兵器である。主に騎兵の進軍を阻止するために使われた。

拒馬槍は、直径60センチメートル、長さ3メートルほどの丸太に、長さ約3メートルの槍を数本突き刺して、並べて置けるようにしたものだ。槍の穂先を前面に向ければ、自陣の防御とともに敵への威嚇にもなる。

拒馬槍は持ち運びができる兵器であり、城内や宿営に設置されることもあったが、野戦で使うこともあった。野戦で使う場合は敵軍の進路を予想し、あらかじめ設置しておかなければならなかった。敵側から発見されやすいという欠点はあったが、発見されたとしても敵の進軍を遅らせるには十分な効果を発揮した。

拒馬槍の起源は、鹿角木《ろくかくぼく》という固定型の兵器で、三代（夏《か》・殷《いん》・周《しゅう》）の頃に登場していたとされている。鹿角木の場合、槍の代わりに先端を尖らせた樹木が使われており、いったん設置すると移動させることはできなかった。

唐代になると、**拒馬木槍《きょばもくそう》**と呼ばれる、持ち運びが簡単になったコンパクトな拒馬槍が登場する。これは、両端に穂先がついた3本の槍を束ねただけのもので、使わないときは1本にまとめて携帯することができた。本体には鎖がついていて、設置するときに複数の拒馬木槍を地面に突き刺して、本体の鎖で結び合わせて使用した。

障害物として設置する兵器を、中国では障碍《しょうがい》器材とも呼び、敵が必ず通る道や要害の地に設置して、かなり高い効果を発揮した。

拒馬槍の優れている点は、布陣・立営・拒険・塞空《さいくう》のいずれにも使用が可能だったことだといわれている。

拒馬槍と拒馬木槍

【拒馬槍】

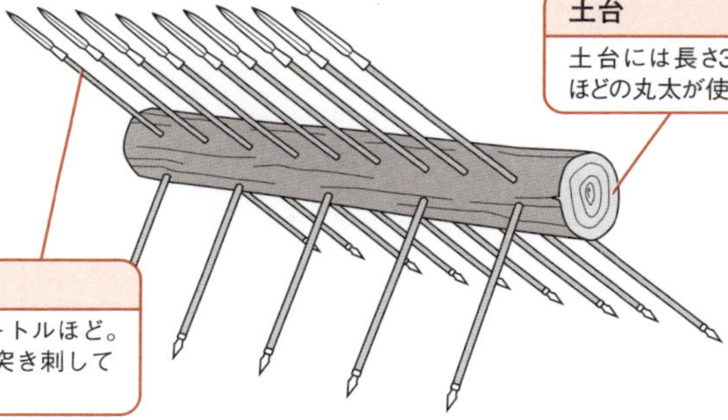
土台
土台には長さ3メートルほどの丸太が使われた
槍
長さ約3メートルほど。槍を土台に突き刺している

【拒馬木槍】

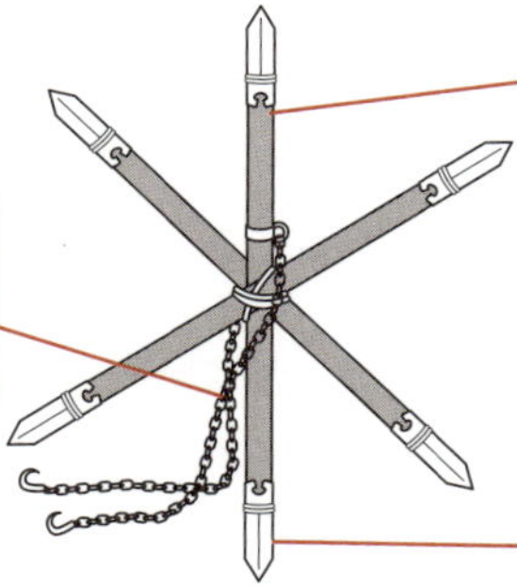
槍
両端に穂先がついた槍を3本束ねる
鎖
設置するときに、ほかの拒馬木槍と結び合わせるときに使う
突き刺す
先端のどちらか一方を地面に突き刺して使う

拒馬槍の特徴

1. 自陣の防御とともに敵への威嚇にもなる。
2. 持ち運びがカンタン。
3. 敵側から発見されやすい。

関連項目

●進軍してくる敵を罠にはめる兵器・リリウム→No.045

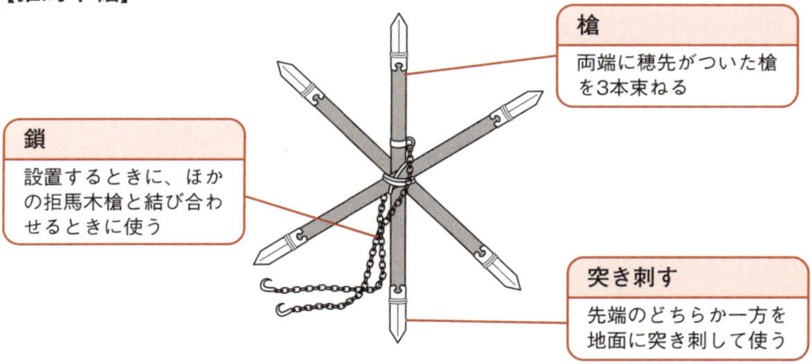

No.070

殷周時代の戦車の特徴とは

実在が確認されている中国最古の王朝・殷に、紀元前１１００年頃、戦車が登場した。弓兵と長身武器をもった兵士が乗り込んだ戦車は、殷の戦場を駆けめぐった。

●紀元前１１００年頃、中国に戦車が登場

中国に戦車が伝わったのは、西洋から遅れること1500年ほどたった紀元前1100年頃といわれている。当時の中国は殷《いん》朝の時代で、戦争においても戦車の役割は非常に重要なものであった。

殷代の戦車はほぼ木造で、車軸の両端など重要な部位にのみ青銅を使っていた。ほとんどが2輪で、車輪の大きさは直径1.5メートルほど、3人が乗り込める大きさだった。当初、車輪のスポークは18本だったと考えられているが、時代を経るに従ってスポークの数は増えていった。また、殷代の頃は2頭の馬が戦車を引いていたが、殷から周《しゅう》に時代が移ると4頭引きの戦車が多く使われた。

戦車では中央に御者《ぎょしゃ》が乗り込み、向かって左側に弓兵、右側に長身武器をもった兵士が配置され、全員が甲冑を身につけた。戦車の指揮を執ったのは左側の弓兵だったとされる。戦闘の主力は、車右《しゃゆう》と呼ばれた右側の兵士が担当し、車右が倒れることが戦車戦の敗北につながった。

当時の戦車は直進するだけなら問題はなかったが、棒1本の上に台座をしつらえただけなので兵士が乗り込むとバランスが悪く、鍛錬を積んだ者しか乗車することができなかった。そして、戦車部隊は精鋭ぞろいとなり、それゆえに軍隊は戦車部隊を中心として整備されていくことになる。

いざ戦闘になると、戦車1台につき歩兵、労役兵あわせて150人ほどが割り当てられ、後方支援のための荷車と兵員が配置された。

殷周時代の戦闘は、どれだけ多くの戦車部隊を投入できるかが勝敗を分けた。戦場に多数の戦車が陣を布いているだけで、敵側に与える威圧感は相当なものだったようで、相手の士気を下げ味方の士気を上げる効果があったといわれている。

殷周時代の戦車

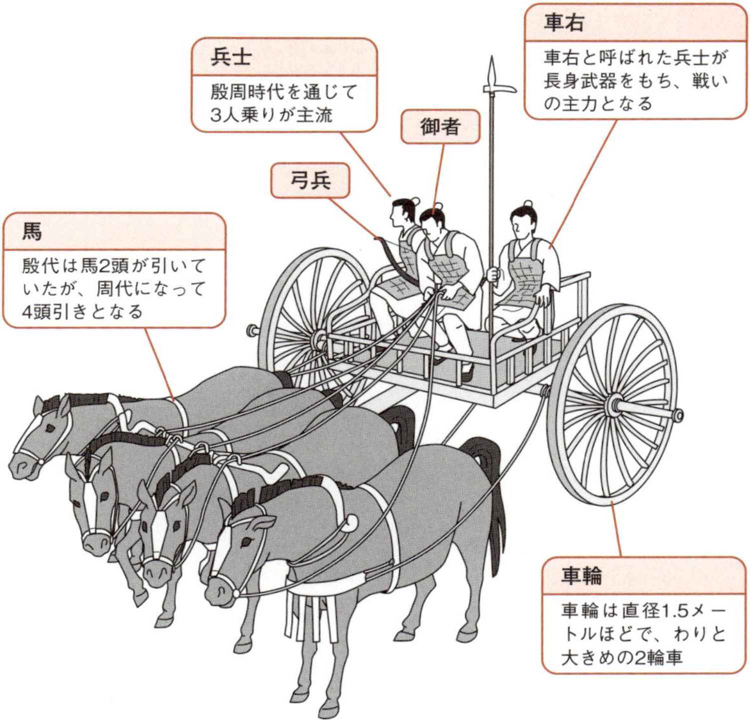
車右
車右と呼ばれた兵士が長身武器をもち、戦いの主力となる
兵士
殷周時代を通じて3人乗りが主流
御者
弓兵
馬
殷代は馬2頭が引いていたが、周代になって4頭引きとなる
車輪
車輪は直径1.5メートルほどで、わりと大きめの2輪車

殷周時代の戦車の特徴

1

兵士が乗り込むとバランスが悪く、直進以外の動きをする場合は、鍛錬を積んだ兵士でないと困難だった。

2

戦場の主力兵器であり、戦車1台につき、歩兵と労役兵合わせて150人ほどが割り当てられた。

関連項目

●秦漢時代の戦車の特徴とは→No.071
●戦車を使った戦い　牧野の戦い→No.072

No.071

秦漢時代の戦車の特徴とは

殷周時代に全盛をきわめた戦車隊は、秦漢時代になって騎馬が台頭してくると、脇役へと追いやられた。しかし、戦車自体はなくなったわけではなく、引き続き戦場を疾駆していた。

●騎馬技術の発達とともに戦車は衰退

紀元前4世紀の戦国時代になって、騎馬を操る北方遊牧民族との交戦を経て騎兵の利便性が認識され、軍隊の主力は騎馬隊に移っていくことになる。そのため、秦漢《しんかん》時代の戦車は、その役割も構造も殷周《いんしゅう》時代のそれとはまったく違うものとなった。まず、周代の頃に隆盛を極めた4頭引きの戦車は姿を消し、戦車を引くのは1頭になった。そのぶん御しやすくはなったが、機動力もスピードもはるかに劣ることになる。また、3人乗りだった箱は2人乗りとなり、車右《しゃゆう》が配備されなくなった。

そして、何より役割が様変わりした。

それまで戦闘の要だった戦車は、この時代になって、指揮官が乗車して指揮を執るだけの後方待機となった。車両の中央にはパラソルのような傘が立てられ、完全に戦闘要員から外されている。

地形による制約を受けやすい戦車が、殷周時代に軍の主力となりえたのは、当時の中国人に馬に乗るという発想がなかったからだった。秦漢代のころは鞍《くら》や鐙《あぶみ》はまだなかったものの、匈奴《きょうど》などの北方遊牧民族との戦いを通じて騎乗訓練が劇的に発達し、脚力だけで馬上でバランスをとり、射撃や剣を振るうことが可能となっていた。騎馬よりも機動力とスピードに劣る戦車は、しだいに戦場での存在感を失っていった。

また、鉄製の武器や弩の発達により、歩兵と騎兵が戦車へ効果的に攻撃できるようになったことも、戦場における戦車の役割を奪った。

秦の時代はそれでも戦車が戦場で活躍する場面もあったが、匈奴との対立が激化し、北方民族と継続的に戦わなければならなくなった漢王朝の時代以降、戦車戦はほぼ皆無となり、三国時代（3世紀頃）になると、兵站《へいたん》を補給するための荷車として活用されるくらいの兵器となってしまった。

秦漢時代の戦車

殷周時代に戦場の主力だった戦車は、秦漢代になって指揮官が指揮を執るだけの後方部隊となった。

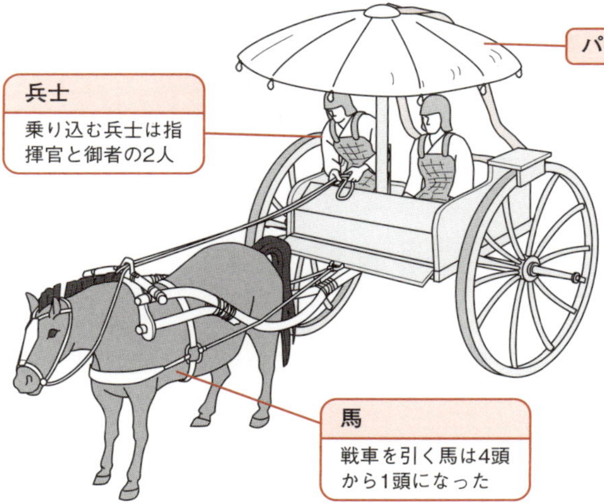
パラソル
兵士
乗り込む兵士は指揮官と御者の2人
馬
戦車を引く馬は4頭から1頭になった

殷周時代の戦車と秦漢時代の戦車との違い

殷周時代の戦車		秦漢時代の戦車
4頭	馬の数	1頭
ある	機動力	ない

関連項目

●殷周時代の戦車の特徴とは→No.070
●春秋戦国時代の戦車戦　城濮の戦い→No.073

No.072

戦車を使った戦い　牧野の戦い

中国王朝の画期ともいわれる牧野の戦いは、古代中国における戦車同士の戦いとして名高い。周の戦車は400両にもなり、その威力は殷を滅亡に追い込んでいる。

●殷の時代の最大の戦車戦

殷《いん》の時代に行われた戦車戦のハイライトは、紀元前11世紀後半に周《しゅう》が殷を破った牧野《ぼくや》の戦いである。殷周革命とも呼ばれるこの戦いは、周の武《ぶ》王《おう》が殷の紂王《ちゅうおう》を退けた戦争で、明代に書かれた小説『封神演義《ほうしんえんぎ》』で描かれる重要な一戦でもある。

この戦いで、武王が用意させた戦車は400両に及んだ。戦車1両につき100名ほどの兵士が配置されるので、総力約4万という大軍だった。対する殷軍は、約70万という想像を絶する兵力で迎撃したといわれる。しかし、それだけの大軍を御することは非常に難しく、指揮系統を保ちにくいことが弱点だった。

武王は、この戦いに際して、「6、7歩と進まないうちに停止して隊列を整えるべし。6、7度と刃を振るわないうちに停止して隊列を整えよ」と訓戒を述べたといわれている。これに従うと、戦車部隊の移動スピードは制限され、機動力は生かされていない。

しかしながら、一糸乱れない戦車部隊の視覚的効果は絶大であった。実際、武王軍を目の当たりにした殷軍の前線部隊は、刃を交える前から降伏し、進路を開ける部隊が続出したとされている。

もちろん、戦車特有の機動性を生かした戦闘も行われた。両軍が対峙し臨戦態勢に入ると、戦車が敵陣めがけて走り出す。当時の戦車は小回りが利かないため、直進のみの戦闘がほとんどで、敵の戦車とすれ違いざまに車右《しゃゆう》同士が対決し、互いの車右同士が斬り合う形で勝敗を決していた。

結局殷軍は、武王の戦車部隊に大敗を喫し、紂王は自害して果てた。この戦いにより、700年続いた中国最古の王朝・殷は滅び、周が治める西周《せいしゅう》時代がはじまることになる。

殷と周による戦車の戦い

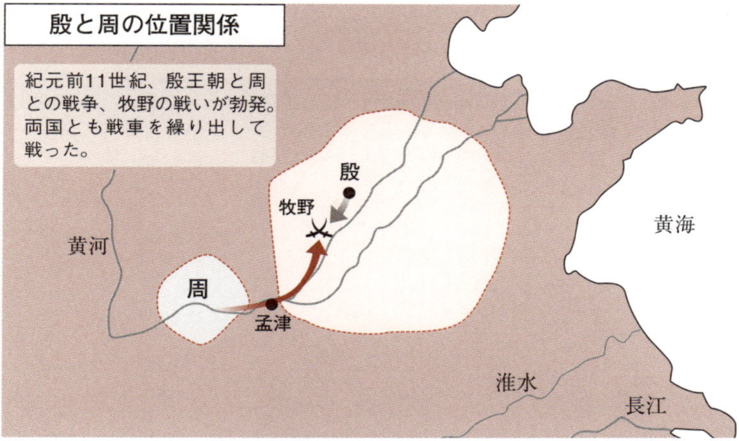
殷と周の位置関係
紀元前11世紀、殷王朝と周との戦争、牧野の戦いが勃発。両国とも戦車を繰り出して戦った。
殷
牧野
黄河
周
孟津
黄海
淮水
長江

戦車同士の戦い

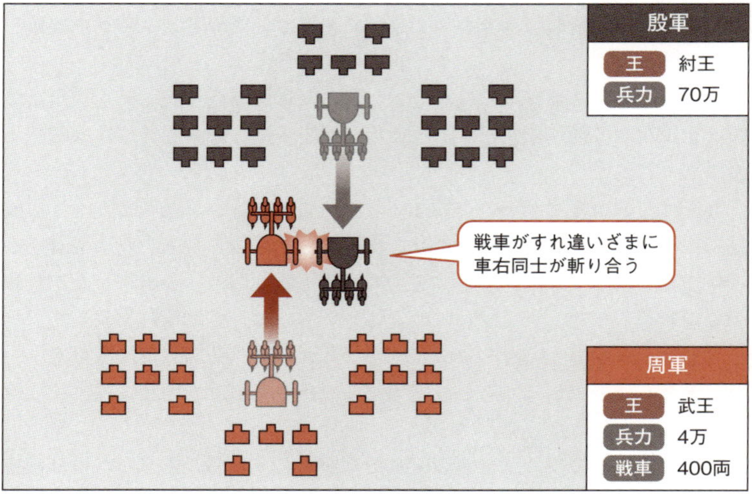
殷軍
王 紂王
兵力 70万
戦車がすれ違いざまに車右同士が斬り合う
周軍
王 武王
兵力 4万
戦車 400両

関連項目

●殷周時代の戦車の特徴とは→No.070

No.073

春秋戦国時代の戦車戦　城濮の戦い

中国における戦車戦の最盛期である春秋戦国時代に行われた城濮の戦い。互いに大量の戦車を投入して戦ったが、勝敗を分けたのは、晋軍の戦車を使った戦術であった。

●戦車の使い方の差で晋軍が勝利

春秋時代に入って周《しゅう》王朝の力が衰えてくると、鄭《てい》、斉《せい》、晋《しん》、楚《そ》、魯《ろ》、宋《そう》、衛《えい》など小国分裂の時代となる。

前632年、中原に色気を見せる楚軍11万と、それを阻まんとする晋軍７万が、城濮《じょうぼく》で激突する。この戦いで、晋側が投入した戦車の数は700両にも及び、このころが戦車戦の最盛期だったといわれている。

晋は、自軍の戦車部隊を3つに分け、本体を真ん中に置き、その左右に下軍・上軍と配置して、楚軍部隊と向き合った。美しい革馬具に身を包んだ戦車部隊が見事な隊列を布いているのを見て、晋の文公《ぶんこう》は勝利を確信したという。

戦闘の火ぶたを切ったのは、晋軍左翼の戦車部隊だった。彼らは馬に虎の皮をかぶせて敵陣に突入するという奇襲をかけ、楚軍右翼部隊は壊滅状態に陥った。

晋軍は左翼の戦車部隊の奇襲と同時に、右翼部隊を後退させて全軍撤収と見せかけ、楚軍左翼部隊をおびき出した。さらに、楚軍右翼に奇襲をかけた左翼の戦車部隊は、戦車に樹木の枝をくくりつけ、後退させながら砂塵を巻き起こさせ、いっせいに敗走しているかのように偽装を施した。

楚軍は、晋軍のこの計略にまんまとひっかかり、楚軍左翼部隊は晋軍右翼部隊と本隊の挟撃にさらされて壊滅、楚軍右翼部隊も同じように挟み撃ちにされて全滅となった。

こうして城濮の戦いは晋軍の圧勝で幕を閉じた。勝敗を分けたのは戦車での戦い方であった。牧野《ぼくや》の戦いのように、ただ戦うだけでなく、戦術として戦車を生かしたのである。

城濮の戦い要図

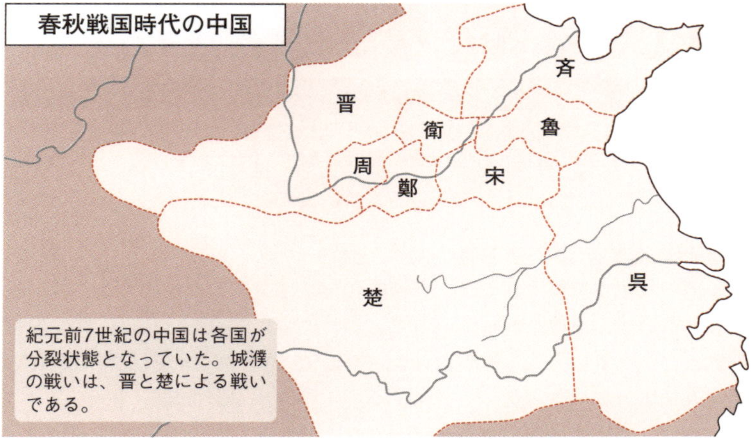
春秋戦国時代の中国
斉
晋
衛
魯
周
宋
鄭
楚
呉
紀元前7世紀の中国は各国が分裂状態となっていた。城濮の戦いは、晋と楚による戦いである。

城濮の戦い

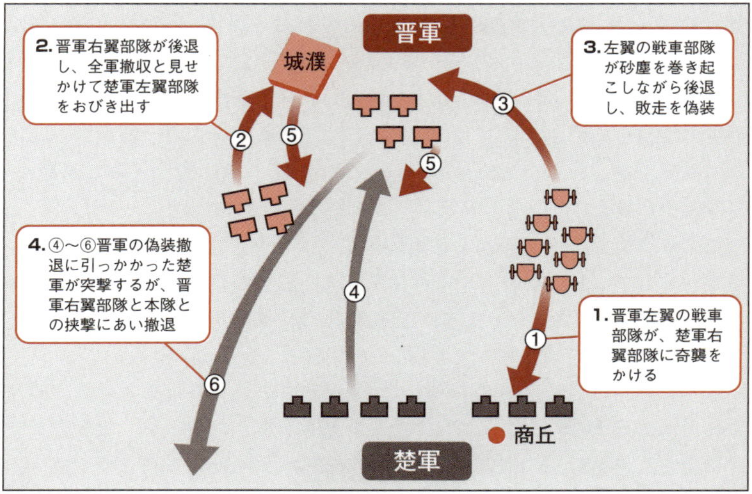
晋軍
楚軍
城濮
商丘
2. 晋軍右翼部隊が後退し、全軍撤収と見せかけて楚軍左翼部隊をおびき出す
3. 左翼の戦車部隊が砂塵を巻き起こしながら後退し、敗走を偽装
4. ④～⑥晋軍の偽装撤退に引っかかった楚軍が突撃するが、晋軍右翼部隊と本隊との挟撃にあい撤退
1. 晋軍左翼の戦車部隊が、楚軍右翼部隊に奇襲をかける
①
②
③
④
⑤
⑤
⑥

関連項目

●秦漢時代の戦車の特徴とは→No.071
●戦車を使った戦い　牧野の戦い→No.072

No.074

海上の本陣となった楼船の実態

水軍の要として建造された「楼船」は、海上の本陣としての機能をもつ船だった。さまざまな大きさの楼船が登場したが、時代を経るごとに大型化していった。

●矢石を防ぐために板を張った大型船

中国で水軍が登場するのは、春秋時代に長江下流域を治めていた呉《ご》、杭《こう》州《しゅう》湾以南の臨海地域を治めていた越《えつ》においてである。そのほか、呉に海戦を挑んだ楚《そ》にも強力な水軍があったとされる。おそらく紀元前6世紀頃だったと考えられている。

楼船《ろうせん》は、その当時から水軍の要として建造された、大型の指揮官船だった。呉の楼船は、長さ25メートル前後、幅は3メートルほどで、物見櫓《ものみやぐら》が設置され、さらに敵からの矢などを防ぐために周囲を板塀で防御した（舷墻と呼ぶ）、多層の大型船だった。その姿が監獄に見立てられ、艦（監）と呼ばれることもある。

以降、各国で作られる楼船も、だいたいは同じ形をしており、海戦の司令塔の役割を果たし、常時100人以上の船員が乗り込んだ。楼船は、海上での本陣であり、たいていの場合は後方に控え、戦闘はもっぱら中型船、小型船が行った。

楼船は時代を経るごとに大型化し、紀元前3世紀頃の秦漢《しんかん》時代には、長さ30メートル、幅5メートルにも及ぶ巨大な楼船が建造されており、三国時代（3世紀）の呉では、じつに700人もの船員を乗せ7枚の帆を張った巨船が、東南アジア諸国に派遣された。

さらに、3世紀後半の中国王朝・晋《しん》の武帝《ぶてい》の頃に呉を攻めるために建造された楼船は、なんと全長170メートルもあったという。第二次世界大戦に登場した世界最大の戦艦である日本の戦艦大和《やまと》が263メートルであったことからも、この巨大さが尋常ではないことがわかる。晋ではこれを「**連**《れん》**舫**《ほう》」と呼び、4つの門を備えた城壁があり、2000人もの船員を収容し、船内を移動するときには馬を使ったと『晋書』に記述が残されている。

楼船の外観

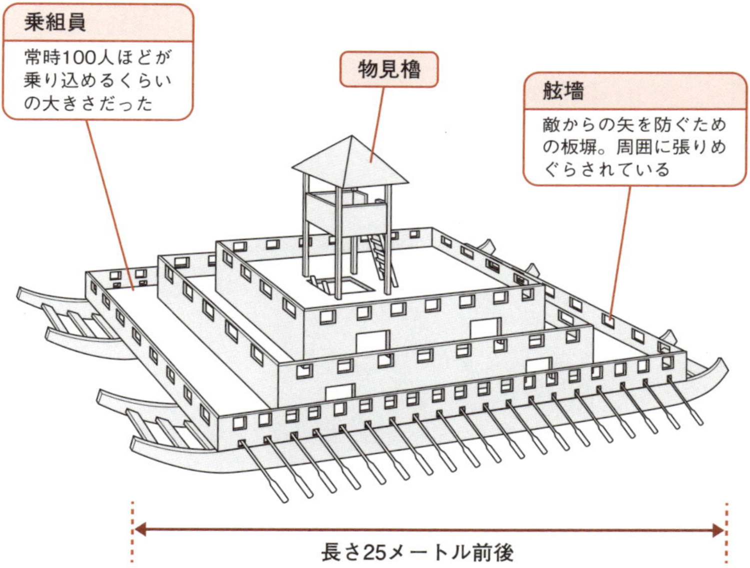
乗組員
常時100人ほどが乗り込めるくらいの大きさだった
物見櫓
舷墻
敵からの矢を防ぐための板塀。周囲に張りめぐらされている
長さ25メートル前後

徐々に大型化した楼船

楼船は時代を経るごとに、徐々に大型化していったが、その過程を見てみよう。

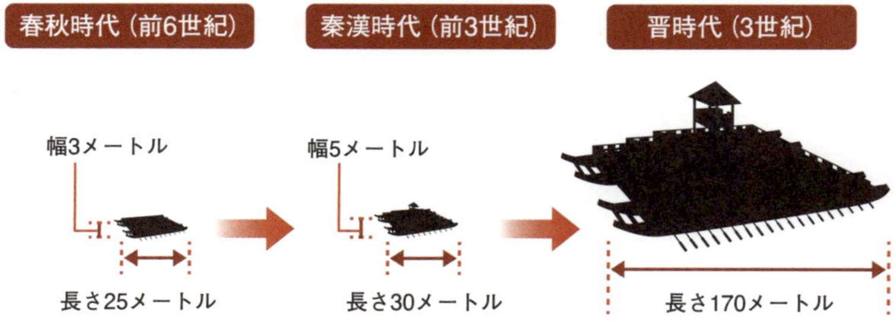
春秋時代（前6世紀）
秦漢時代（前3世紀）
晋時代（3世紀）
幅3メートル
長さ25メートル
幅5メートル
長さ30メートル
長さ170メートル

関連項目

●古代中国の艦隊編成とは→No.079

No.075

古代中国の海上を走り回った艨衝とは

闘艦とともに古代中国の水上戦を彩った艦船が艨衝である。敵船に体当たりでぶつかっていき敵船を沈没させるなど、海上での主力兵器として猛威を振るった。

●頑丈な衝角を取りつけた快速船

水上戦の際、**闘艦**《とうかん》とともに攻撃の主力となったのは、**艨衝**《もうしょう》と呼ばれる軍船だった。

艨衝は、細長く幅の狭い船体の先に鋭い**衝角**《しょうかく》を取りつけた船で、敵船に体当たりをくらわせて撃沈させる。

敵船に体当たりをするという役目柄、艨衝はスピードが重視され、中央を仕切って両舷《りょうげん》に兵士が乗り込んで櫂《かい》をこぐことができた。水上戦で先頭に立つことも多かったため、なめしていない牛の生皮で船体を覆い、敵の火矢などから船を守った。また、物見櫓が設置されており、太鼓を叩いて士気を上げるとともに、敵船の様子を兵士たちに伝えた。艨衝は古くは春秋時代の記述にも残されており、春秋時代の呉では「**突冒**《とつぼう》」とも呼ばれた。

古代中国の水上戦は、まず斥候《せっこう》船が敵の陣容や艦数を調べ上げ、**先登**《せんとう》と呼ばれた小型の快速船が敵陣に突入して撹乱する。その後で艨衝が満を持して登場し、敵の主力艦に何度も体当たりを繰り返して撃沈させた。

また、艨衝は、三国時代にもよく使われた軍船である。208年に、呉の孫権《そんけん》が江夏《こうか》の群雄・劉表《りゅうひょう》の武将、黄祖《こうそ》を攻めたときの水上戦が『呉書』に残されている。黄祖は、艨衝数隻を横に並べて、石の碇を使って艨衝を固定し1000人の弓兵を配置して、孫権軍を迎え撃った。水上戦のデメリットである足場の不安定さを、黄祖は艨衝を固定させることで払拭した。間断なく降り続く矢の雨にさらされ、孫権軍は防戦一方となった。

この状況を打開したのが、孫権軍の武将・董襲《とうしゅう》だった。董襲は、矢の雨の中を果敢に黄祖軍に突入し、黄祖軍の艨衝の底に潜り込んで碇《いかり》を結んでいたロープを切断した。碇を失った黄祖軍の艨衝はバランスを失い流されていき、孫権軍は勝利を収めたのである。

艨衝の外観と戦い方

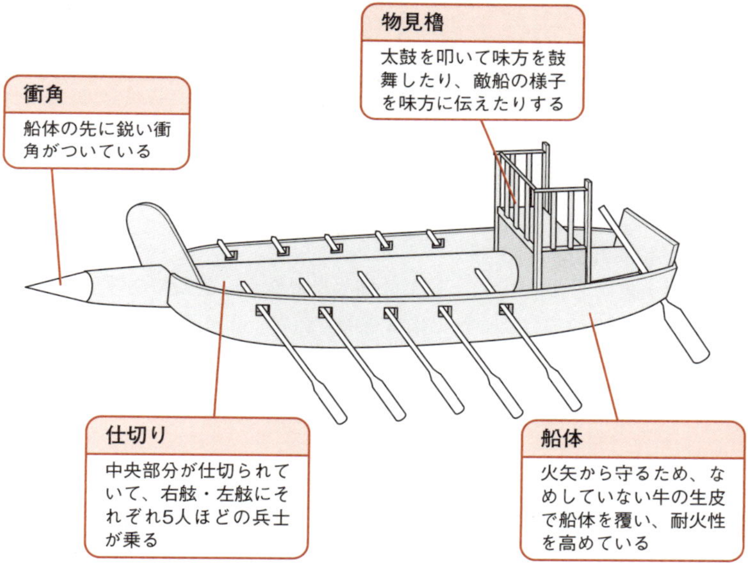
衝角
船体の先に鋭い衝角がついている
物見櫓
太鼓を叩いて味方を鼓舞したり、敵船の様子を味方に伝えたりする
仕切り
中央部分が仕切られていて、右舷・左舷にそれぞれ5人ほどの兵士が乗る
船体
火矢から守るため、なめしていない牛の生皮で船体を覆い、耐火性を高めている

敵の楼船

① スピードを生かして艨衝が敵の楼船めがけて体当たりする

② 何度も体当たりを繰り返して相手の楼船を沈める

関連項目

●海上の本陣となった楼船の実態→No.074
●古代中国の艦隊編成とは→No.079

No.076

古代中国の海上戦の主力・闘艦

古代中国の水上戦の主力として活躍した戦艦が「闘艦」である。紀元前の頃から水上戦をになう戦艦として登場しており、三国時代になって大きく発展した。

●重装備の戦闘用の船

古代中国の水上戦の主力として活躍した戦艦が、**闘艦**《とうかん》である。闘艦は、船体側面に墻《しょう》を設置し、その下に櫂《かい》をこぐための孔《こう》が開けられている。さらに、船内に墻と同じ高さの棚を築き、その上に2層の女墻《じょしょう》を建てて敵からの攻撃を防ぐ。兵士は、女墻の穴の開いている部分から弓や弩などで攻撃し、船内のやぐらの上からも同様に攻撃を仕掛ける。

闘艦は艨衝《もうしょう》よりも大型で、防御力も艨衝より勝っており、古代中国の水上戦では、接近戦での主力艦艇として活躍した。

闘艦に乗り込む兵士たちは、弩や弓を携え、盾をもって対峙した。兵士は2層の女墻によって守られており、艨衝より安全に戦うことができた。

古代中国の水上戦では、闘艦の役割は大きかった。攻撃の主力となることもさることながら、敵を威嚇するための手段としても用いられた。とくに、三国時代の呉では水軍が発達し、闘艦の在り方にも変化が見られるようになる。呉の武将・賀斉《がせい》、呂範《りょはん》は、闘艦に豪華な装飾を施すことで、味方の士気を高めて敵の戦意をくじいたといわれている。木材には美しい彫刻が刻まれ、金属は朱に染められ、船上には青いテントと深紅のカーテンが設けられていた。222年、魏が洞口に攻め込んできたとき、これを迎え撃ったのが賀斉だったが、魏軍の指揮官たちは賀斉艦隊の威容に圧倒されたといい、『呉書』によると賀斉の艦隊は「山のようであった」という。

また、闘艦とともに水上戦の主力艦艇として活躍した船に露橈《ろとう》がある。これは闘艦よりも小型で小回りが利き、十数人の兵士を乗せて水上を走り回った。艨衝のように、櫂が両舷についた小型船である。船体には武器庫のようなやぐらが設置されており、闘艦よりはスピードがあったが、艨衝よりは劣った。闘艦のように女墻をつけた露橈もあった。

闘艦のしくみ

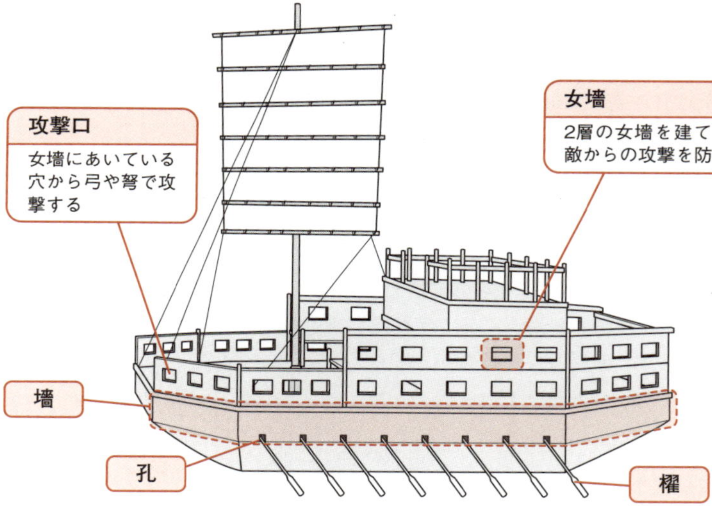
攻撃口
女墻にあいている穴から弓や弩で攻撃する
女墻
2層の女墻を建てて敵からの攻撃を防ぐ
墻
孔
櫂

露橈のしくみ

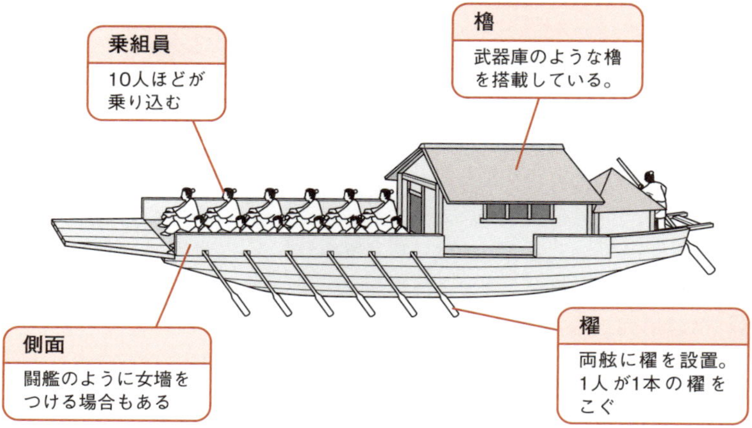
乗組員
10人ほどが乗り込む
櫓
武器庫のような櫓を搭載している。
側面
闘艦のように女墻をつける場合もある
櫂
両舷に櫂を設置。1人が1本の櫂をこぐ

関連項目

●古代中国の海上を走り回った艨衝とは→No.075
●古代中国の艦隊編成とは→No.079

No.077

スピードを重視した戦艦・走舸

スピードを重視して建造された船が「走舸」と呼ばれる船だ。戦闘要員よりも乗組員の数のほうが多く、とにかくスピードが出るように設計され、古代中国の水上を疾駆した。

●闘艦より小型のスピード重視の快速船

艨衝《もうしょう》や闘艦《とうかん》よりスピードを重視して建造された船が**走舸**《そうか》である。ただ、速度の速い船は春秋時代の前5世紀頃にも登場している。当時のものは斥《せっ》候《こう》船であり、**赤馬**《せきば》とか**先登**《せんとう》などと呼ばれていた。走舸は、これら赤馬・先登の発展形であった。ちなみに、赤馬とは、船体を赤く塗りたくった快速船のことで、5人ほどが乗り込んで、主に伝令役として活躍し、水中に投げ出された味方の救助にもあたった。走舸の登場で赤馬がなくなったわけではなく、併用して使われていた。

走舸は両舷に女墻《じょしょう》が設けられただけのシンプルな船で、戦闘要員より漕ぎ手の数が多いのが特徴である。専門性の高い漕ぎ手が櫂《かい》を操ることによってスピードが増した。現在でいう駆逐艦《くちくかん》のような役割を果たしていた船である。走舸の攻撃力自体はたいしたものではなく、主に艨衝や闘艦の攻撃を補助したり、小型で高速であるがゆえに不意打ち戦を得意とし、陣を突破してきた敵船の背後から近づき、これに攻撃を加えるなど、戦場で臨機応変に立ち回った。また、撤退する敵船の追撃にも効果を発揮した。

走舸に乗り込む戦闘要員は少数だったことから、選抜された精鋭のみが乗り込んだといわれる。彼らは弓兵、弩兵であることが多く、敵陣をかき回して敵の陣形を崩したり、敵の注意を引きつけて後続部隊のための道を作ったり、水上戦には欠かせない船であった。

中国では、「走」を“逃げる”とも読み、もともと足の速いさまを表す言葉である。三国時代の赤壁の戦い（208年）では、敵陣に火船を突っ込ませた将軍・黄蓋《こうがい》が、走舸に乗り移って逃亡を図っている。また、前漢の初代皇帝・劉邦《りゅうほう》が浪人生活を送っていた頃、馬泥棒で追われていたところを蕭何《しょうか》が走舸に乗せて逃がしたというエピソードも残っている。

走舸の外観と特徴

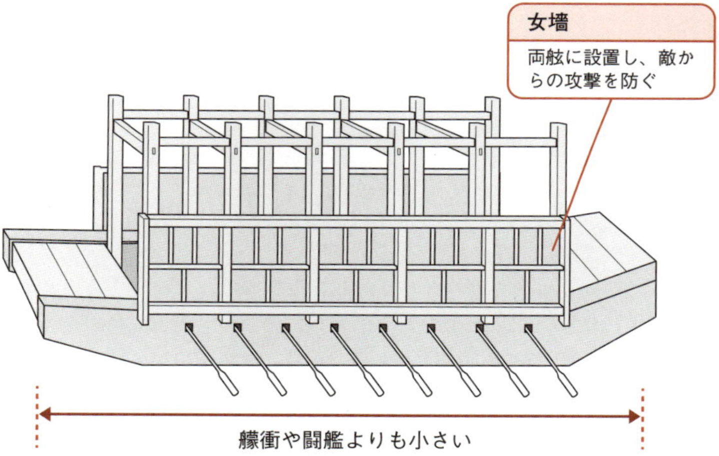
女墻
両舷に設置し、敵からの攻撃を防ぐ
艨衝や闘艦よりも小さい

特徴 1
小型でスピードが出せたため、不意打ちを得意とする

特徴 2
兵士よりも専門の漕ぎ手の数が多く、より速度が増した

赤馬の外観と特徴

船体
赤く塗られている。赤馬という名称もそこからきている
兵士の役割 1
高速で走るため、伝令役として活躍する
兵士の役割 2
水中に投げ出された味方の救助を行う

関連項目
●古代中国の艦隊編成とは→No.079

No.078

敵船を燃やすための戦艦・火船

古代の船はすべてが木造である。そのため、水の上にいるとはいえ、一度火がつけば鎮火は容易ではなかった。そこで登場するのが、敵船を燃やすために考案された「火船」である。

●可燃物を搭載して、敵に近づき燃やす

船上でもっとも気をつけなければならないのは、火事である。船が木造だった古代において、水の上とはいえ船に火がつくのは致命傷だった。そのため、水上戦では火矢が飛び交い、そして**火船**《かせん》が登場した。

火船は、船に火をつけて敵陣に突撃させ、敵艦隊を火の海にする計略に使う船である。船そのものに火をつけるのではなく、燃えやすい薪《まき》や草などを積んで、それに火をかけて突入させる。そして、さらに燃えやすくするために、それらに油を染み込ませておく。

火船攻撃は天候や風向きに左右されるため、気象に熟達した者がいなければならず、遠征先では使いにくく、いつでも使えるわけではなかった。

また、火船が戦術のひとつとして認知されると、敵側も火船を警戒するようになり失敗することも多かった。そこで、敵に気づかれないように薪や草を**幔幕**《まんまく》で覆ったり、廃船ではない艦船を使うなどの工夫がなされた。また、十分に油が染み込んでいなかったりして不発に終わることもあった。

三国時代の208年、赤壁《せきへき》の戦いでは呉の将軍・黄蓋《こうがい》が火船を使ってみごとに敵艦隊をせん滅している。このとき黄蓋は船全体を赤い幔幕で覆い、将軍旗を翻しながら近づいて敵軍をあざむくことに成功した。

火船は中国だけで使われたものではなく、各国の水上戦、海戦でもよく使われる手段だった。紀元前332年、マケドニアのアレクサンドロス大王が、テュロスという海上都市を攻めたとき、テュロス側は廃船に火をつけてマケドニア軍に突撃させたという記録が残されている。

火船は、やがて火器の発展とともにその役割を終え、戦場から姿を消すことになる。

火船のしくみとデメリット

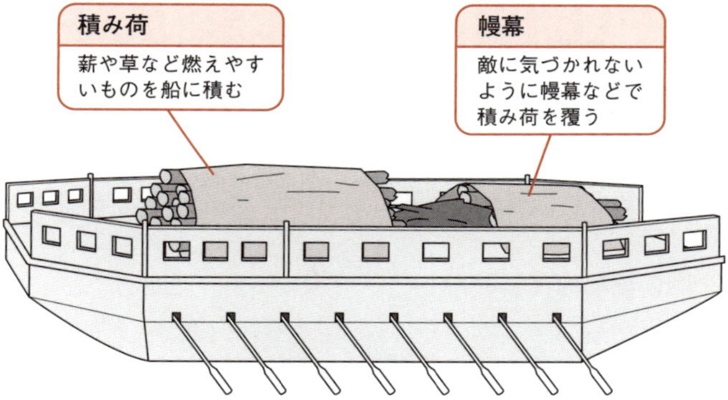
積み荷
薪や草など燃えやすいものを船に積む
幔幕
敵に気づかれないように幔幕などで積み荷を覆う

デメリット①

天候・風向きに左右され、いつでも使えるわけではない

デメリット②

十分に油が染み込んでいないと、不発に終わる

火船を用意する手順

① 古い船を用意する

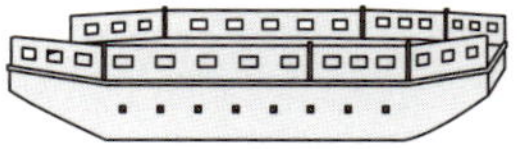

② 薪や草を船内に積み込む

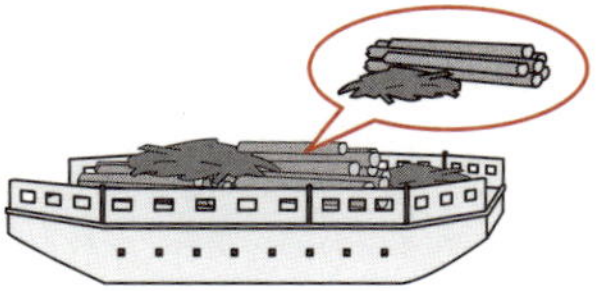

③ 薪や草に油を染み込ませる

④ 敵に向けて進み、火をつける

関連項目

●三国時代の代表的な水戦　赤壁の戦い→No.080

No.079

古代中国の艦隊編成とは

さまざまな船が建造された古代中国では、しだいに水上戦も組織的に行われるようになった。楼船、闘艦、艨衝、走舸、赤馬といった軍艦が水上に配置され、陣を布いて戦った。

●水上戦の基本的な戦い方

古代中国では、長江《ちょうこう》（揚子江《ようすこう》）という大河での戦いがあったことから、さまざまな艦船が開発・建造されて、水軍が発達した。

水軍にも基本的な陣形というものがあった。常時100人以上が乗り込んだ、海上の本陣ともいうべき楼船《ろうせん》は、陣の後方に位置取り、乗船した将軍はそこから指令を飛ばす。本陣を守るように、楼船の周囲には闘艦《とうかん》が配置される。伝令用の走舸《そうか》や赤馬《せきば》は前線などに配備された。

そして、陣の先頭には、先陣を切る艨衝《もうしょう》が配され、走舸や赤馬といったスピードのある船が、敵を攪乱するためにその周りにひかえる。走舸や赤馬は、斥候の役割も担っており、簡単な情報であれば旗信号で楼船に伝え、ときにはスピードを生かして楼船のもとへ戻って情報を伝えた。

水上戦は、まず先頭にたっている艨衝同士による激突戦ではじまる。艨衝は、敵船を沈没させるための軍船であり、どちらかが大破するまで行われる。破壊された艨衝の乗組員は水上に投げ出されるが、走舸や赤馬がこれを救い上げ、再び戦力に加わった。艨衝の中には、敵の本営である楼船めがけて突撃するものもあるが、闘艦や露橈《ろとう》に守られた楼船の防御力は高く、もちろんなかなか沈めることはできない。

一方、楼船からは弩兵による一斉射撃が行われ、両軍ともに入り乱れた乱戦になる。走舸や赤馬などの小型船に乗った兵士は、敵陣の楼船に乗り移り、白兵戦に打って出る。

こうして、楼船が破壊されたほうの敗北となった。

また、晋《しん》の時代になると、闘艦や艨衝よりも大きな戦艦が建造され、水上戦に投入された。それは海鶻《かいこつ》と呼ばれる戦艦で、船尾が高く船首が大きい船で、傾きづらいという特徴があった。

古代中国の基本的な艦隊編成

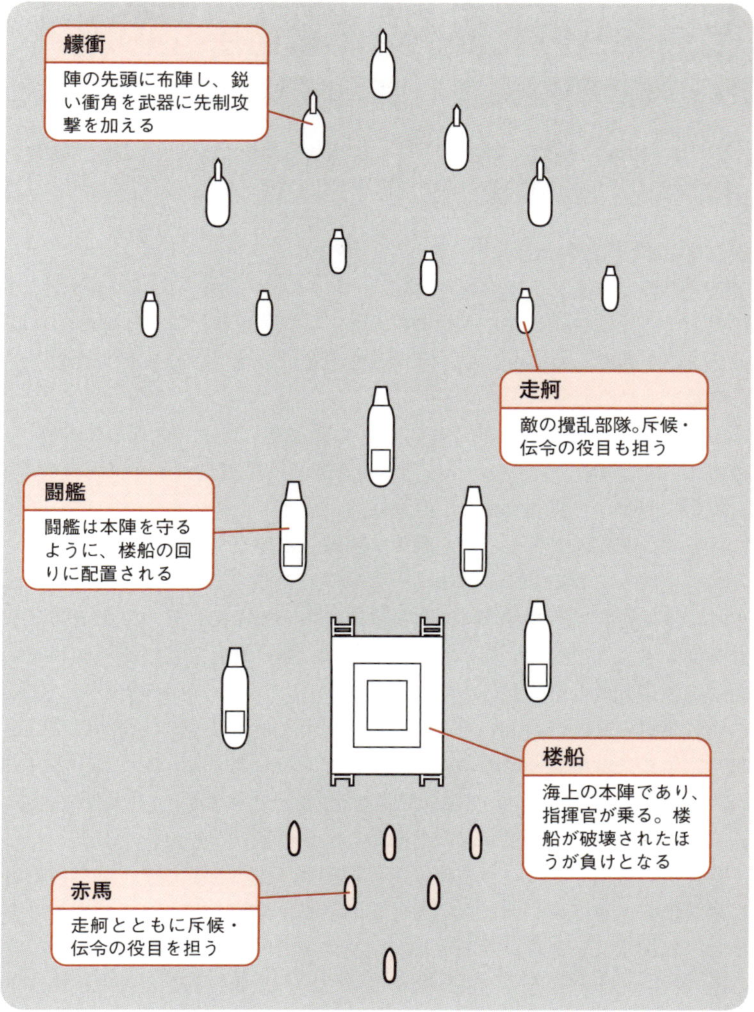
艨衝
陣の先頭に布陣し、鋭い衝角を武器に先制攻撃を加える
走舸
敵の攪乱部隊。斥候・伝令の役目も担う
闘艦
闘艦は本陣を守るように、楼船の回りに配置される
楼船
海上の本陣であり、指揮官が乗る。楼船が破壊されたほうが負けとなる
赤馬
走舸とともに斥候・伝令の役目を担う

関連項目

●海上の本陣となった楼船の実態→No.074
●古代中国の海上戦の主力・闘艦→No.076
●古代中国の海上を走り回った艨衝とは→No.075

No.080

三国時代の代表的な水戦　赤壁の戦い

208年、三国時代を代表する戦争が勃発した。赤壁の戦いである。長江を挟んで対峙した呉軍と魏軍。水上戦を得意とする呉軍は、楼船以下の軍船を用意し、火船を使って魏軍を撤退させた。

●三国時代最大の水上戦

『三国志』で有名な曹操《そうそう》（魏《ぎ》）・孫権《そんけん》（呉《ご》）・劉備《りゅうび》（蜀《しょく》）による三国鼎立《ていりつ》の契機となった戦乱が、208年に赤壁《せきへき》で勃発した水上戦だった。圧倒的な兵力で中原を制覇した魏と、長江《ちょうこう》以南に勢力を広げていた孫権が劉備と同盟を結んで対峙した。

かねてから、水上戦を得意にしていた孫権軍は、23万ともいわれる曹操の大軍を、わずか3万という兵力で迎え撃ち（兵力については諸説ある）、みごとに曹操軍を打ち負かして撤退に追いやった。このとき孫権が用意した軍船は、記録によると楼船《ろうせん》・艨衝《もうしょう》・闘艦《とうかん》・走舸《そうか》だった。

大軍を擁する曹操軍は、孫権軍が布陣する赤壁の対岸・烏林《うりん》に陣を布き、大量の軍船をすき間なく並べて孫権軍を待ちかまえた。兵力に劣る孫権軍は奇襲を狙ってその機を待っていた。じつに数ヵ月間、互いに牽制し合いながらの持久戦となった。

呉の将軍・黄蓋《こうがい》は、この膠着状態を打破するために、自ら偽りの投降をして密集した曹操軍の船団に火をかける奇襲を献策する。この案が容れられ、黄蓋は艨衝に乗り込み、闘艦と走舸を従えて曹操軍めざして出航した。艨衝と闘艦には、油にまみれた薪や枯れ草が積まれていた。

曹操軍の船団を前に、黄蓋は艨衝と闘艦すべてに火をかけ、自らは走舸に乗り換えて逃げ出した。火船と化した呉軍の艨衝と闘艦は、首尾よく曹操軍の船団に突っ込み、辺りはまたたく間に火の海となった。折からの風にあおられ、またすき間なく軍船を並べていたことも仇《あだ》となって、曹操軍の艦船は全焼。そこに、楼船以外の軍船に乗り込んだ孫権軍が渡河してきて、曹操軍の陣営を焼き尽くした。呉軍の完勝で、曹操率いる魏軍は命からがら北方へ遁走《とんそう》した。

赤壁の戦い要図

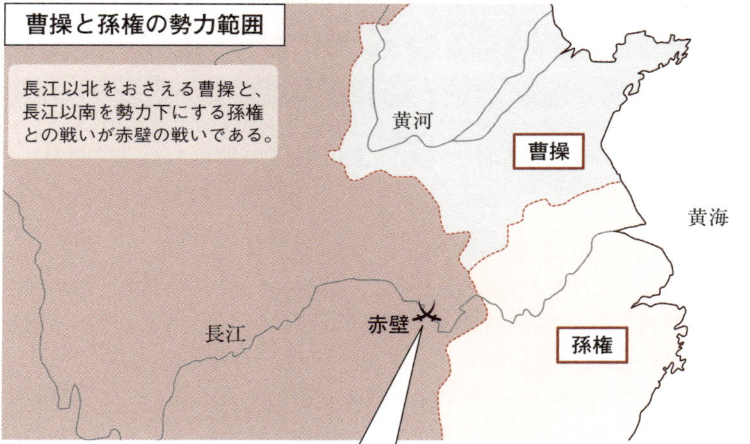
曹操と孫権の勢力範囲
長江以北をおさえる曹操と、
長江以南を勢力下にする孫権
との戦いが赤壁の戦いである。
黄河
曹操
黄海
赤壁
長江
孫権

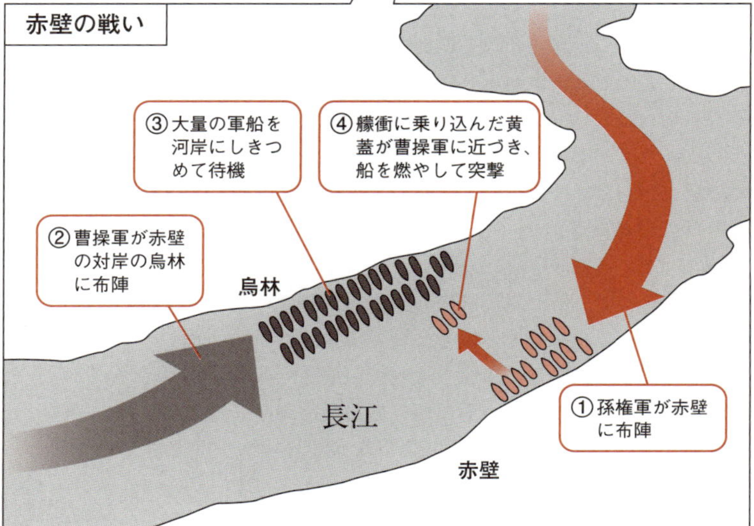
赤壁の戦い
③大量の軍船を
河岸にしきつ
めて待機
④艨衝に乗り込んだ黄
蓋が曹操軍に近づき、
船を燃やして突撃
②曹操軍が赤壁
の対岸の烏林
に布陣
烏林
長江
①孫権軍が赤壁
に布陣
赤壁

関連項目

●敵船を燃やすための戦艦・火船→No.078
●古代中国の艦隊編成とは→No.079

No.081

諸葛亮が開発した木牛・流馬とは

三国時代の天才軍師・諸葛亮が考案した兵糧輸送用の車両兵器が、木牛と流馬である。未熟だった兵站の維持・強化を目的に開発され、蜀の兵糧輸送に大きく寄与した。

●諸葛亮が開発した輸送用の車

戦争における兵糧《ひょうろう》の重要性はいうまでもない。どれだけ攻勢を強めていても、兵糧不足で撤退を余儀なくされることも多い。とくに輸送手段が未熟だった古代は、兵站《へいたん》を維持することがしばしば勝敗を左右した。

三国時代の228年、蜀《しょく》の諸葛亮《しょかつりょう》は対魏《ぎ》の北伐《ほくばつ》を敢行する。この遠征の最大の課題は、当初から兵糧の輸送だとされていた。この時代に使われていた輸送手段といえば、馬に引かせた4輪車が基本だった。しかし、この車両で蜀と魏の間にある山道を越えるのは非常な困難がともなった。

そこで諸葛亮は、**木牛《もくぎゅう》**と呼ばれた輸送車を開発した。木牛は、前方から牽引するかたちの、全長1.4メートルほどの1輪車だった（2輪車とする説もある）。1台に積める兵糧は成人1人の約1年分で、士卒1人が引き、3人で押し、1日に10キロメートル進んでも疲れなかったといわれる。

魏軍の圧倒的な戦力の前に、蜀の北伐はことごとく失敗に終わるが、234年に蜀は5度目の北伐を開始させた。前回の北伐で侵攻したルートは、すでに魏軍によって分厚い防御態勢が布かれていたので、蜀はそれまでより険しいルートを選択せざるを得なくなった。

その際に問題になるのは、やはり兵糧輸送だった。木牛だけでは心もとないと、諸葛亮はさらに**流《りゅう》馬《ば》**という輸送車を開発した。

流馬は手押しの一輪車で、長さ約70センチメートル。幅約50センチメートルの荷台がついていた。20キログラムほどの米の包みを2つ乗せられるほどの大きさで、木牛より積載量は少なかったが、より険しい道を通ることができた。

この2つの新兵器で兵糧輸送は成功したが、結局は蜀軍の兵力では魏の大軍を破ることはかなわなかった。

木牛の外観

諸葛亮が北伐を行う際に、兵糧を運ぶために発明した車両が木牛である。

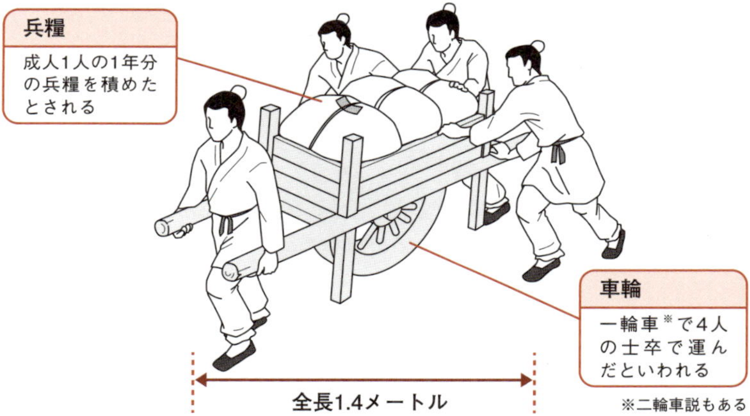
兵糧
成人1人の1年分の兵糧を積めたとされる
車輪
一輪車※で4人の士卒で運んだといわれる
全長1.4メートル
※二輪車説もある

流馬の外観

第5次北伐の際、諸葛亮が木牛に続いて発明した、兵糧輸送用の車両が流馬である。

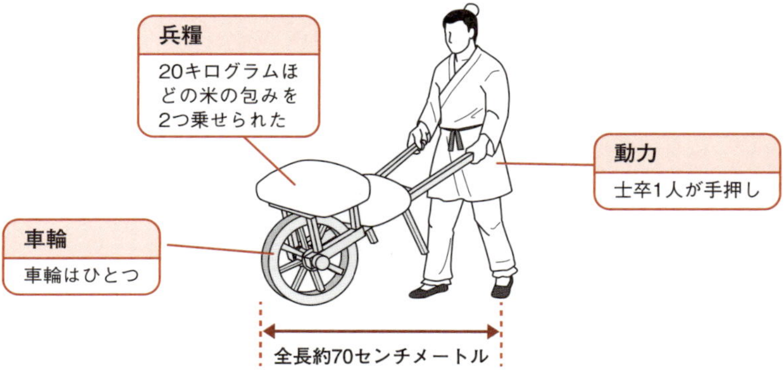
兵糧
20キログラムほどの米の包みを2つ乗せられた
動力
士卒1人が手押し
車輪
車輪はひとつ
全長約70センチメートル

関連項目

●諸葛亮の開発といわれる連弩とは→No.051

No.082

常に同じ方向を示す指南車とは

中国の伝説の皇帝・黄帝が作らせたと伝わる指南車は、常に同じ方向を示し続ける車両である。この指南車が実際に作られたのは、2世紀に入ってからだった。

●同じ方向を示し続ける車

指南車《しなんしゃ》は紀元前1世紀に成立した『史記《しき》』の巻頭に登場する。

指南車の形状は、2輪の台車の上に腕を上げた人形が備えつけられたもので、その人形の指は常に南を指し続ける。伝説上の中国の皇帝・黄帝《こうてい》（紀元前25世紀）が、霧を噴射して逃げる蚩尤《しゆう》を倒すために、方位磁石代わりに作らせたとの記述が『史記』にある。黄帝は指南車のおかげで方向を見失わずに蚩尤との戦いに勝利したというが、この話は伝説の域を出ない。

黄帝の指南車は実在しなかったが、指南車自体は存在した。実際、後漢代（25～220年）に中央官吏の張衡《ちょうこう》という人物が、伝説をもとに指南車を復元しており、これが最初に作られた指南車だといわれている。また、三国時代（3世紀後半）に、発明家として知られる馬鈞《ばきん》という人物も指南車を作ったとされる。指南車は、羅針盤のように方角を探し当てるのではなく、最初に設定した方角を指し続けるものである。したがって、最初に北に設定すれば、指南車は北を指し続ける。

指南車がなぜ同じ方角を示し続けることができるかというと、簡単にいえば、磁石ではなく歯車の原理が使われていた。とはいえ、古代中国では紀元前の頃から磁石の原理は知られており、磁石を使って方角を知ることができる「**指南魚**」という道具が3世紀に作られている。木製の魚の形をしたもので、指南魚の頭のほうが南を指し示すようになっていた。

指南車が戦場で使われたかどうかは諸説あるが、宋代（11世紀）には祭祀用に使われるようになった。日本には、唐からの渡来僧によって、7世紀に斉明《さいめい》天皇（天智《てんじ》天皇の母）に献上された記録が残されている。

指南車

指南車は、最初に設定した方角を指し続ける車両である。

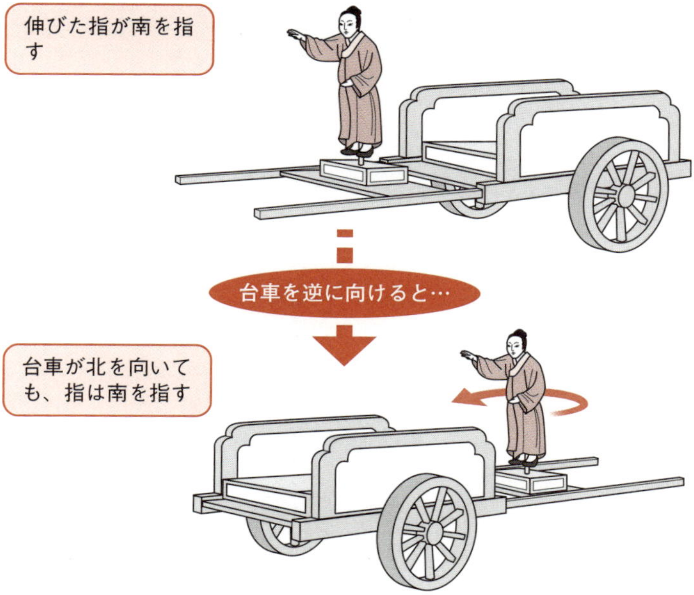
伸びた指が南を指す
台車を逆に向けると…
台車が北を向いても、指は南を指す

指南車の歴史

前25世紀	前1世紀	25〜220年	3世紀後半	7世紀
中国の伝説の皇帝・黄帝が作らせたとされる	司馬遷の『史記』の巻頭に記述がある	後漢代の張衡、三国時代の馬鈞が製作した		唐から斉明天皇に献上される

関連項目

●敵の行動を阻止するための罠・夜伏耕戈→No.095

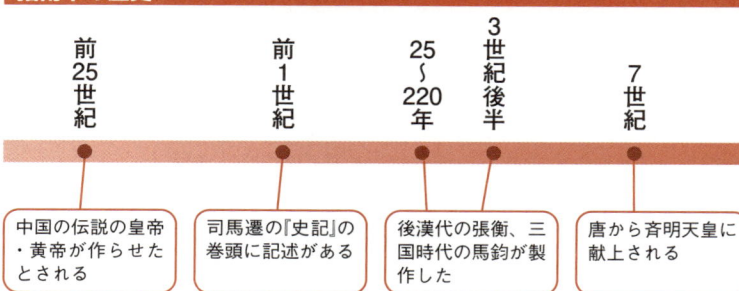

No.083

城門の外に置かれた小規模な砦―関城と馬面

城を落とされないために作られたのが、関城と馬面であった。城門に辿り着く前の障壁として関城、城壁にとりついた敵兵を攻撃するためのものが馬面である。

●城を守るための工夫

古代中国では、都市そのものが大きな城だった。そのため、落城はイコール国家の滅亡となった。したがって、城郭の防備に重点が置かれ、なかでも集中攻撃を受ける城門の防衛は、守城側としてはもっとも重要な課題であった。**関城《せきじょう》**や**馬面《ばめん》**は、そうした城門防備のために開発されたものである。

関城は、城門をふさぐように、城門の前に築かれた砦のようなもので、城壁と同様に**女墻《じょしょう》**が設置され、そこから攻撃を行う。関城は春秋戦国時代の頃にすでに登場しており、城門めざして突撃してくる敵兵を、城門に至る前にこの関城で足止めした。攻城側からすると、関城を落とさないと城門にたどり着けないため、防衛手段としてはかなり効果があった。

関城は、時代が進むと関所に築かれた城のことをいうようになるが、この関城がもともとの出所であると考えられている。

馬面は、城壁の一部を外側に突出させたもので、城壁にとりついた敵兵を側面からも攻撃できるように作られた。3世紀の三国時代によく作られたもので、城の四隅に作られた敵状を見張るための楼閣《ろうかく》が発展したものである。

また、これ以外にも、掘られた壕の内側にやや低めの城壁を築いた、**羊《よう》馬城《ばじょう》**と呼ばれる防衛設備もあった。羊馬城の前の壕にはリリウムのような先の尖った木などを設置した。そして、壕を渡ろうとする敵兵を、馬面などの上から弓兵が攻撃をした。羊馬城は、憑垣《ひょうえん》とも呼ばれ、秦漢時代（紀元前3世紀頃）の城壁に実例がある。

古代中国では、城内に侵入された時点で敗北を悟らざるを得なかった。そのため、先人たちの創意工夫は堅固な城郭防備に向けられたのである。

城の守りを固める

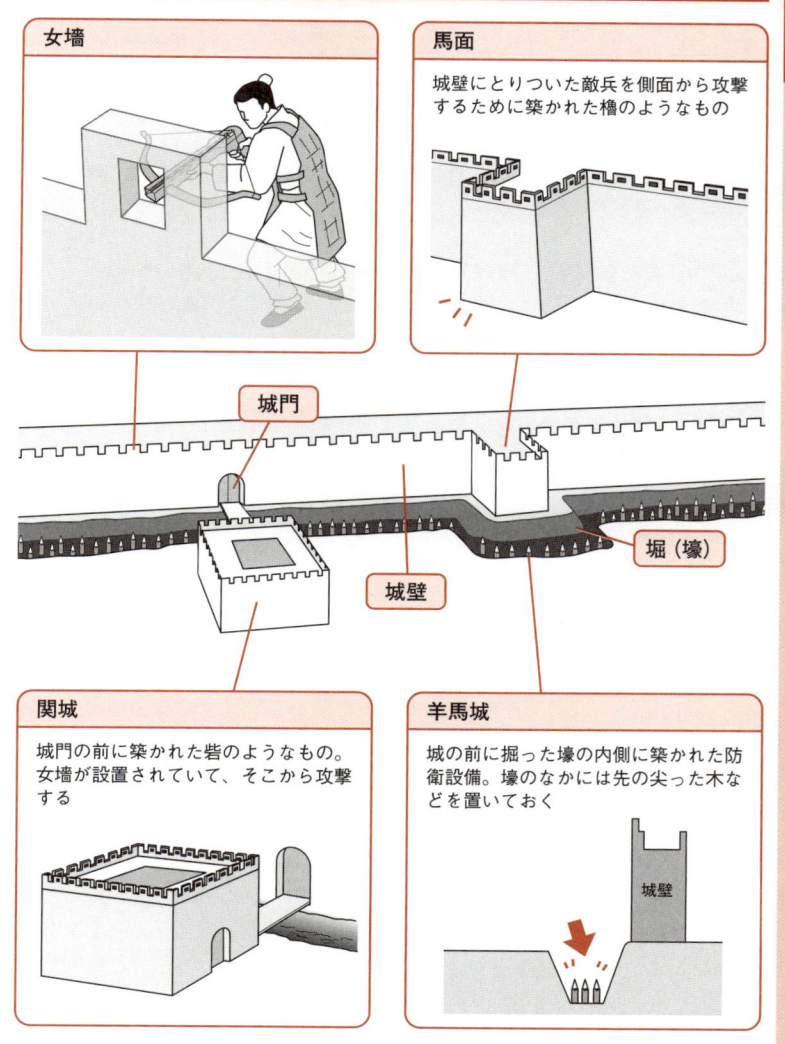

女墻

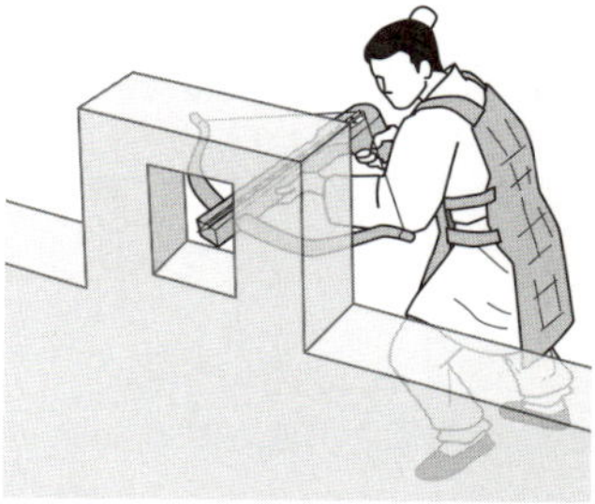

馬面

城壁にとりついた敵兵を側面から攻撃するために築かれた櫓のようなもの

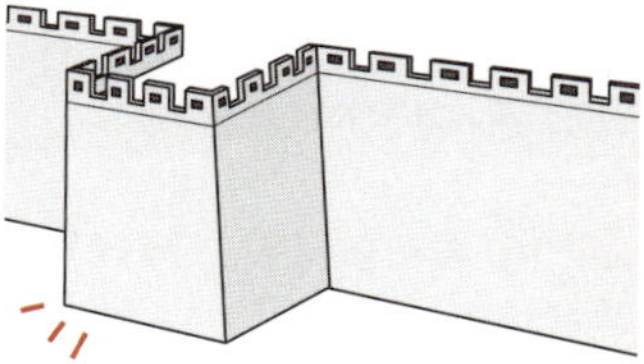

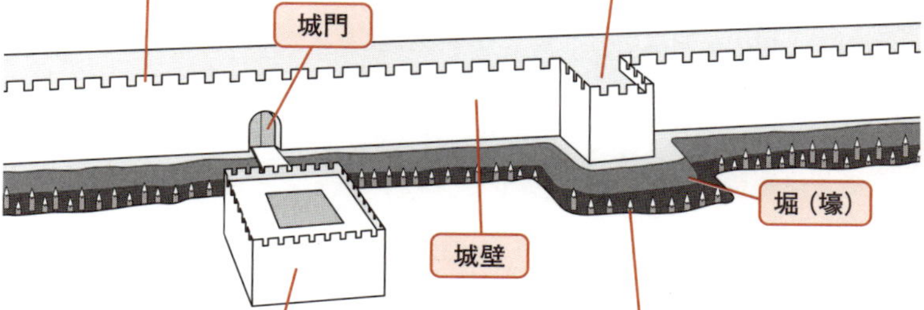

関城

城門の前に築かれた砦のようなもの。女墻が設置されていて、そこから攻撃する

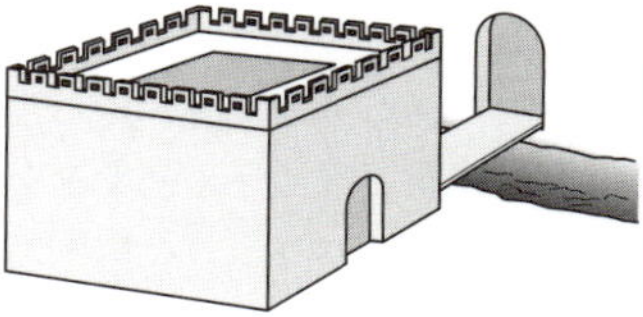

羊馬城

城の前に掘った壕の内側に築かれた防衛設備。壕のなかには先の尖った木などを置いておく

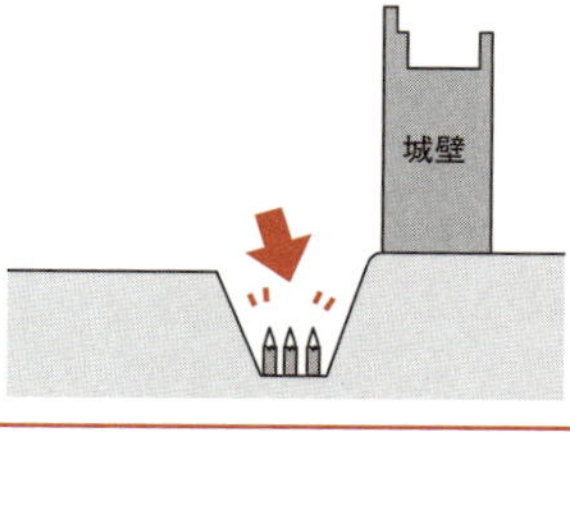

関連項目

●城門を守るための防御兵器・懸門とは→No.084
●進軍してくる敵を罠にはめる兵器・リリウム→No.045

No.084

城門を守るための防御兵器・懸門とは

関城や馬面と同じような目的で、城門防衛のために作られたのが「懸門」である。懸門は城門の奥に設置できる門で、城門を城内から補強するための守城兵器のひとつであった。

●城門の扉を後ろから補強するために吊るされた分厚い戸板

古代中国では、城門に対する防衛意識が高く、さまざまな防衛システムが考え出された。**懸門《けんもん》**もそのうちのひとつで、城門を防衛するために作られた兵器である。

懸門は、城門を城内から補強するためのもので、表面に鉄板を張った分厚い戸板である。門道を断ち切るように掘られた狭い縦穴にそって上下するように作られ、滑車《かっしゃ》によって昇降が行われた。

たとえ攻城側が、衝車《しょうしゃ》などで城門を突破したとしても、その後にまだ懸門が待っているということだ。城門扉ほどの厚みはないものの、前面が鉄板となっているので、簡単に破られることはない。

そのほかの防衛システムとして、城門を外側から見えなくするために、城門を覆い隠すように大きな墻《しょう》のようなものを築いたりした。これは**護城《ごじょう》墻《しょう》**と呼ばれ、衝車などの攻城兵器が城門に届かないし、遠目には城壁と同化するため敵の目をあざむくことができる。さらに、敵の妨害を受けることなく城門の開閉ができるため、城内から援軍を送り出すことも簡単にできた。

また、三国時代以降になると、城門部分を半円状に突出させて築いた**甕《おう》城《じょう》**と呼ばれる護城墻の発展形も現れた。これは、城門に群がった敵兵をあらゆる方向から攻撃することができるため、攻城側の城門への攻撃を分散、遅らせるのに効果を発揮した。

さらには、城門の前方5メートルくらいのところに落とし穴をいくつも掘っておいたり、城壁の下部に小さな穴を開けて、薄い壁面を張って城壁と同化させておいて、敵の意表をついてその穴から攻撃を仕掛けたりもした。

懸門のしくみ

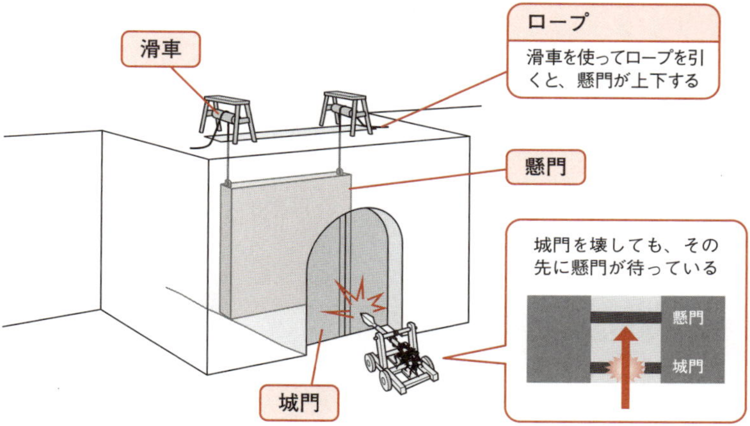
滑車
ロープ
滑車を使ってロープを引くと、懸門が上下する
懸門
城門を壊しても、その先に懸門が待っている
懸門
城門
城門

護城墻と甕城

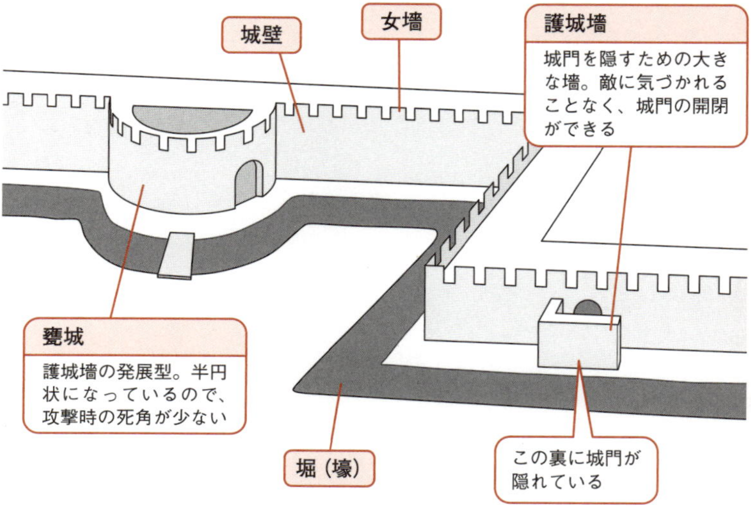
城壁
女墻
護城墻
城門を隠すための大きな墻。敵に気づかれることなく、城門の開閉ができる
甕城
護城墻の発展型。半円状になっているので、攻撃時の死角が少ない
堀（壕）
この裏に城門が隠れている

関連項目

●城門の外に置かれた小規模な砦—関城と馬面→No.083

世界最大の防衛壁・万里の長城

世界最大の防衛壁として知られる中国の万里の長城は、全長が8851.8キロメートルもある巨大な壁である。

防衛壁である以上、敵の攻撃から国を守るために作られたものだが、一度に8000キロメートルもの壁を築いたわけではない。何百年という時間をかけて、代々の中国王朝が、その防御システムを受け継いでいったのである。

一般的には秦の始皇帝が築いたことで知られるが、その大部分は明代（14世紀～）に作られたものであり、さらに最初に築かれたのは戦国時代（紀元前5～前3世紀）だった。

そもそも万里の長城は、戦国時代に群雄割拠した各国が、北方の異民族からの脅威を取り除くために作り出したもので、それが徐々に戦国七雄の国境間にも築かれるようになった。そして、それらを連結して巨大な壁にしたのが始皇帝であった。

万里の長城は、始皇帝の時代にはすでに大きくなりすぎて、そのすべてに兵士を配置することは物理的に不可能だった。そのため、ところどころに関所を設け、そこを防衛線とした。同時に、哨戒線を置いて敵情視察を行い、敵軍の早期発見につなげていた。

万里の長城の役割は、騎兵部隊や輜重車の類の進行を妨げることにあり、実際、投石器などの長距離兵器を使っても、敵の大軍は万里の長城を越えるのに、相当の時間を要したようだ。そして、敵がもたついている間に、自軍は十分な迎撃態勢を取ることができた。

万里の長城には、複数ののろし台の存在も確認されており、のろしを上げて迅速な情報伝達をしていた形跡がうかがえる。戦国時代以降、中国王朝にとって、万里の長城は外敵から身を守るためには必要不可欠なものとなっていった。

その後、火器が開発されると、万里の長城は防御壁としての役割を終えることになる。女真族が建国した金、モンゴル人が建国した元は、万里の長城を攻略し中国本土への侵攻を続けた。彼らの侵攻を食い止めるため、明が現在の万里の長城を作り上げたが、北方民族はたびたび万里の長城を越えている。

第4章
雑学

No.085

古代ローマで行われた「戦車」競走

戦場の花形として古代戦で猛威を振るった戦車は、古代ローマや古代ギリシアなど、平坦な地形が少ない国ではあまり見られなかった。その代わりに発達したのが、戦車同士による競走であった。

●最大12台の戦車がスピードを競った競技

アッシリアで隆盛を極めた戦車は、ヨーロッパから中国に至るまで各国に普及し、古代中国の春秋戦国時代（紀元前8世紀～前3世紀）では、両軍合わせて1000両を超す戦車が投入された争いがあるなど、戦場兵器として重宝された。しかし、古代ローマや古代ギリシアの戦場で戦車が投入された例は驚くほど少ない。それは戦場の地形が戦車戦に向いていなかったことが要因だとされている。

古代ギリシアや古代ローマ帝国では、戦車は戦場で使われなかった代わりに、**戦車競走**という形で使われるようになり、国民的な人気を得るスポーツとして繁栄した。戦車競走のはじまりはギリシアだといわれており、紀元前7世紀のアテナイで、4頭立ての戦車競走が行われた記録が残っている。

しかし、世界でいちばん戦車競走が流行したのはローマ帝国である。ローマには25万人を収容する競技場まで建造されるほどの熱気であった。

ローマの戦車競走は、全長600メートルのフィールドに中央分離帯（スピナという）を置き、端を折り返して7周するものだった。スピナにはプールが設置され、その前を走り抜ける馬たちに水をかけてやった。

出走ゲートは12個あったので、最大12台の戦車が競い合ったと考えられている。出走する戦車は、1人乗りの小型車両で、4頭引きが主流だった。戦車競走は純粋に速さを競い合うもので、相手への故意の妨害はルールに反したが、猛スピードでコーナーを回る性質上、騎乗者が命を落とす事故は頻繁に起こりえた。

戦車競走は、そのうちギャンブルの対象となり、賭けごとを禁じていたローマは戦車競走を廃止した。だが、以降も東ローマ帝国で競技が再開され、中世にいたるまでヨーロッパでは人気競技として存続し続けた。

戦車競走の会場と戦車

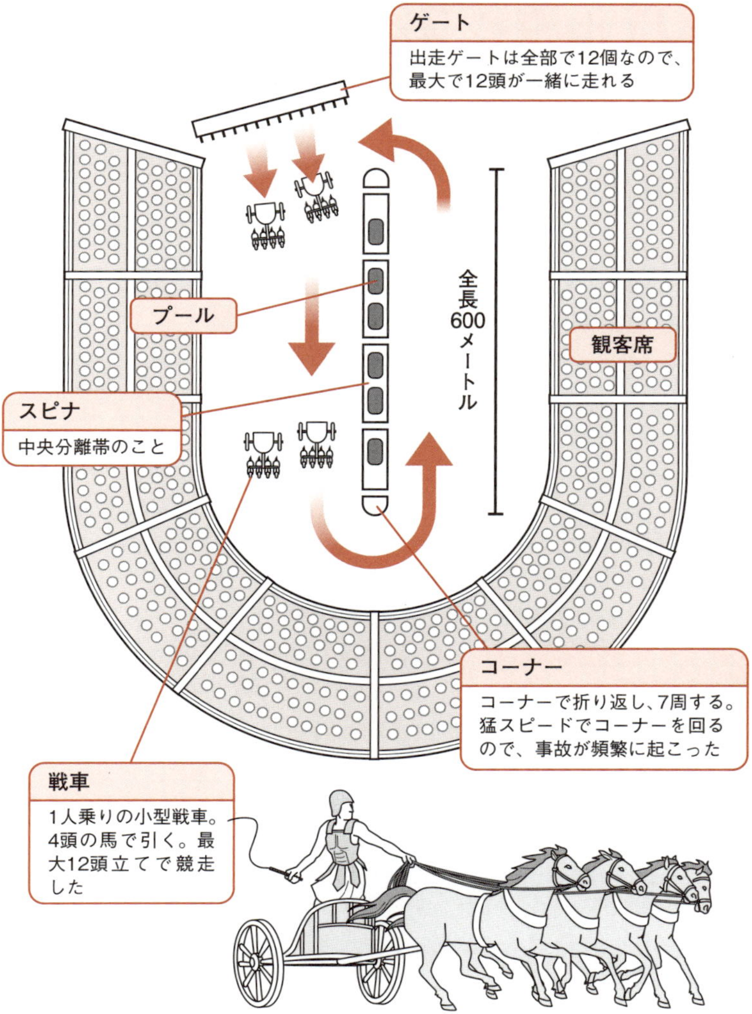
ゲート
出走ゲートは全部で12個なので、
最大で12頭が一緒に走れる
全長600メートル
プール
観客席
スピナ
中央分離帯のこと
コーナー
コーナーで折り返し、7周する。
猛スピードでコーナーを回る
ので、事故が頻繁に起こった
戦車
1人乗りの小型戦車。
4頭の馬で引く。最
大12頭立てで競走
した

関連項目

●戦車の起源　バトル・カー→No.005
●戦車部隊はどのような陣形で戦ったか？→No.027

No.086

スパルタクスの「葡萄の梯子」

紀元前73年に勃発したスパルタクスの反乱。古代ローマ軍に追いつめられたスパルタクス軍は、窮余の策として現地調達して作った葡萄の梯子で脱出した。

●スパルタクスが考案した逃亡用梯子

紀元前2世紀半ば、ポエニ戦争でカルタゴを滅ぼした古代ローマ帝国は版図を拡大し、周辺各国を属国化していった。

その頃のローマ国内では、奴隷《どれい》制度が社会問題化していた。侵略領が増えるにしたがいその数は大幅に増加し、奴隷価格の下落もあって彼らを取り巻く環境は劣悪の極みを迎えていた。

紀元前73年、トラキア人の剣闘士奴隷スパルタクスが奴隷たちを扇動《せんどう》し、ついにローマに対して蜂起する。スパルタクスの反乱に賛同したのは、カプアの剣闘士養成所の70名ほどだった。しかし、彼らには兵器や武器がなく、奴隷時代につながれていた鎖を武器や兵器に鋳造したり、現地のものを材料に作ったりしてしのいでいた。

ナポリ湾を臨むウェスウィウス山に立てこもった反乱軍は、3000名からなるローマ軍に包囲された。食料もなにもない反乱軍はすぐに降参するだろうと、ローマ軍は楽観的に考えていた。この時点で反乱軍は、近隣農場の奴隷などが加わり、700名を超えていたと考えられる。

スパルタクスは、ローマ軍の包囲網を抜けるために、奇抜なアイデアを出した。それが、「葡萄《ぶどう》の梯子《はしご》」である。

反乱軍は、山中に生い茂った葡萄の木の枝を集め、それらを丈夫に編んで一本の長いはしごを作り上げたのである。「葡萄の梯子」は、ローマ軍の包囲網の反対側にあった、切り立った崖の下にたらされ、反乱軍は「葡萄の梯子」を使ってふもとまで降り、油断していたローマ軍を一気に粉砕した。

絶体絶命の窮地に追い込まれた反乱軍を救ったのは、現地調達で作られた、たった一本のはしごであった。

スパルタクスの反乱

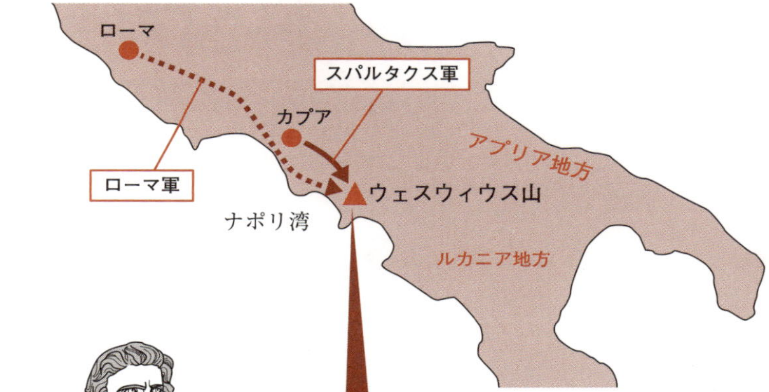
ローマ
スパルタクス軍
カプア
アプリア地方
ローマ軍
ウェスウィウス山
ナポリ湾
ルカニア地方

スパルタクスの反乱

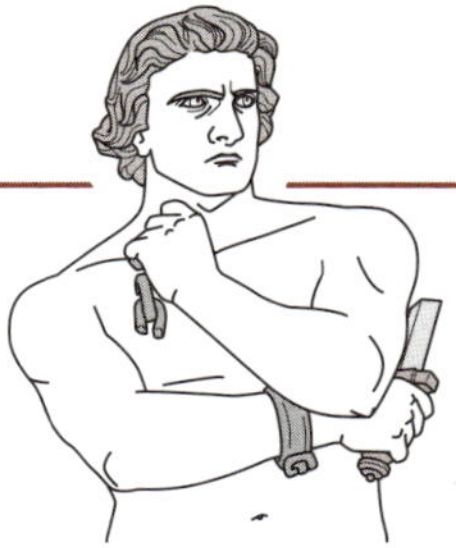

スパルタクス

- 紀元前73年に勃発
- 首謀者はトラキア人剣闘士奴隷のスパルタクス
- 奴隷によるローマへの反乱
- ウェスウィウス山の戦いで反乱軍が勝利

スパルタクス軍を勝利に導いた葡萄の梯子

ローマ軍に包囲されたスパルタクス軍は、山中に生い茂った葡萄の木の枝を丈夫に編んで、長いはしごを作り上げて脱出に成功、ローマ軍に奇襲をかけて、これを敗走させた。

関連項目

●攻城兵器の原点ともいえる攻城梯子とは→No.037

No.087

スパルタに勝利をもたらしたトロイアの木馬

紀元前1200年頃に勃発したトロイア戦争に登場したのが、トロイアの木馬である。木馬のなかに兵士が潜んで、相手を油断させるための兵器で、一種の攻城兵器といえるだろう。

●スパルタに勝利を呼び寄せた兵器

ホメロスの書いた『イリアス』などの叙事詩に、トロイア戦争の様相が描かれている。トロイア戦争は、いまだ神話の域を出ないが、紀元前1200年頃にトロイアが壊滅的な打撃を受けたのは間違いないようだ。

トロイア戦争は、トロイアの王子パリスが、ギリシアの都市スパルタの王妃ヘレンを自国に連れ帰ってしまったことが発端になっている。スパルタは10万の兵力を編成してトロイアに攻め込んだ。総大将アガメムノンは、大船団をともなってトロイア城を猛烈に攻め立てた。

しかし、トロイア城は堅固でなかなか落ちない。当時のギリシア地方の攻城兵器といえば、原始的な投石器くらいのものだったろうから、籠城《ろうじょう》されると攻めあぐねることが多かった。

そこでスパルタは、城内から城門を開く奇策をめぐらせた。それが古代兵器のひとつといえる**「トロイアの木馬」**である。スパルタは50～100人もの兵士が中に潜めるほどの巨大な木馬を建造し、兵士を中に詰め込んだ木馬を自陣に置いた。

残りの軍勢は陣を焼き、撤退のふりをして海に出た。木馬には「アテナ女神に捧げる」と書かれており、トロイア軍はスパルタ軍の撤退を信じて疑わず、その木馬を城内に持ち帰った。

そして、城内のアテナ女神像に奉納された木馬から、用意していたはしごを使ってスパルタ兵が飛び出しトロイア城内で暴れまわり、中から城門を開くことに成功、海上で待機していた残りのスパルタ軍が一気に押し寄せ、堅固なトロイア城はついに陥落した。

木馬が実際にあったかの確証はないが、当時の攻城戦ではなんらかの方法で城内から門を開く手法が主流であったことがうかがえる。

トロイアとスパルタの位置関係

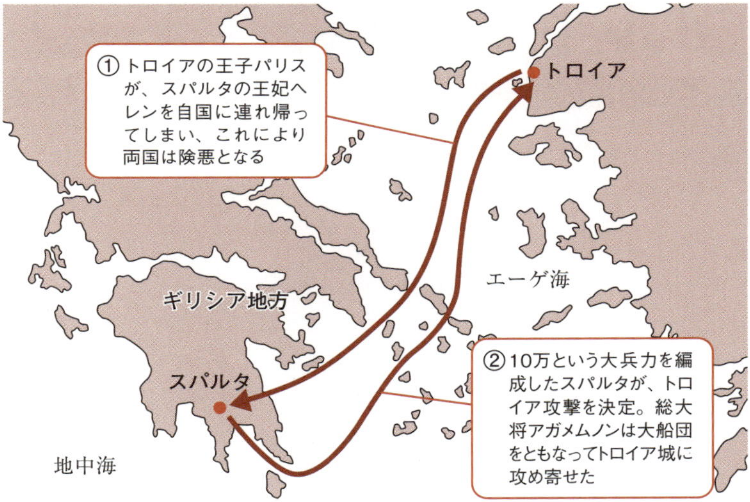
①トロイアの王子パリスが、スパルタの王妃ヘレンを自国に連れ帰ってしまい、これにより両国は険悪となる
トロイア
エーゲ海
ギリシア地方
スパルタ
地中海
②10万という大兵力を編成したスパルタが、トロイア攻撃を決定。総大将アガメムノンは大船団をともなってトロイア城に攻め寄せた

トロイアの木馬の想像図

堅固でなかなか落城しないトロイア城に対し、スパルタ軍が考え出した奇策がトロイアの木馬であった。

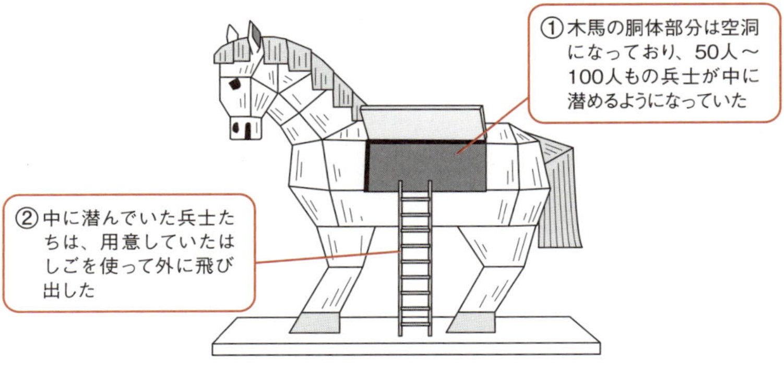
①木馬の胴体部分は空洞になっており、50人～100人もの兵士が中に潜めるようになっていた
②中に潜んでいた兵士たちは、用意していたはしごを使って外に飛び出した

関連項目

●攻囲戦と攻城兵器の発達→No.009

No.088

アルキメデスのクレーン

シラクサの天才数学者として現代でも有名なアルキメデスは、その頭脳を生かしてさまざまな兵器を開発したともいわれている。「アルキメデスのクレーン」もそのひとつだ。

●アルキメデスが考案した巨大なクレーン

紀元前3世紀、地中海の制海権をめぐって覇を競っていたのが、古代ローマ帝国と北アフリカに興ったカルタゴだった。両国は、紀元前264年から100年以上の長い戦争状態に陥る。ポエニ戦争である。紀元前215年、ローマはカルタゴに従属していたシチリア島の都市、シラクサを攻めた。大軍を擁するローマ軍にとって、シラクサを落とすことは造作もないはずだった。実際、その50年前にシラクサはローマに敗れていた。

ところが、今回の遠征はローマ軍にとって苦難の道となった。立ちふさがったのは、シシリー島のシラクサ生まれのギリシアの天才数学者・アルキメデス（前287年～前212年）である。アルキメデスは、浮力の原理や円周率などに偉大な業績を残した数学者で、てこの原理を理論づけたことでも有名だ。そんな彼の類まれなる頭脳は、恐るべき兵器を開発した。

シラクサを落とすには海上からの攻撃が必要で、ローマ軍はカルタゴ軍の技術を盗んで建造した五段櫂船《ごだんかいせん》を大量に投入してきた。対するアルキメデスが大型艦船を破壊するために発明したのが、「**アルキメデスのクレーン**」と呼ばれた現代のクレーンのような大型装置だった。

特製のジョイント部分が、クレーンを垂直にも水平にも旋回させ、先端につけた鉤《かぎ》爪でローマ軍の艦船を引っかけて空高く持ち上げ、滑車《かっしゃ》を操って海面に叩きつけた。滑車のロープは人と牛が引っ張ったといわれる。同じような装置で、5000キログラムもの巨石や鉛の塊を持ち上げ、それを敵艦船めがけて落下させたりもした。アルキメデスのクレーンは、ローマ軍をことごとく撃退し、ローマ軍は2年半もの長期間、足止めを食らうことになったとされる。そんなアルキメデスも、シラクサが占領されたとき、ローマ軍によって殺害されたという。

アルキメデスのクレーンのしくみ

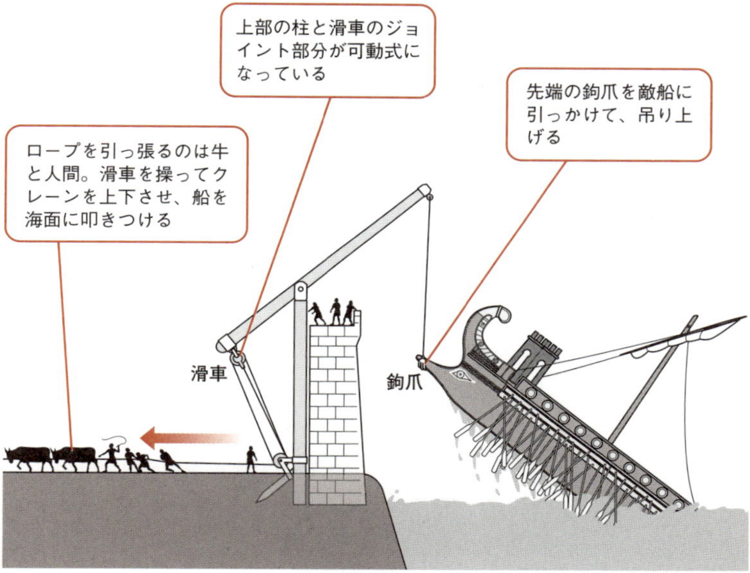
上部の柱と滑車のジョイント部分が可動式になっている
先端の鉤爪を敵船に引っかけて、吊り上げる
ロープを引っ張るのは牛と人間。滑車を操ってクレーンを上下させ、船を海面に叩きつける
滑車
鉤爪

天才数学者・アルキメデス

アルキメデス

- シシリー島のシラクサ生まれ
- 紀元前 287 年生、前 212 年没
- ギリシアの天才数学者として名高い
- 浮力の原理、円周率、てこの原理などに業績がある
- 兵器の開発にも関与

関連項目

●古代ローマ軍が考案したコルヴスとは何か？→No.034
●巨大反射鏡とアルキメディアン・スクリュー→No.089

No.089

巨大反射鏡とアルキメディアン・スクリュー

アルキメデスが考案した兵器は、アルキメデスのクレーンだけではなかった。巨大反射鏡やスクリューなども、彼の手によって兵器として誕生したが、実在したかどうかは謎のままだ。

●アルキメデスが開発したとされる兵器

アルキメデスが発明したとされる兵器は、クレーンだけではない。前項と同じくポエニ戦争でローマ軍を苦しめた兵器に、**巨大反射鏡**がある。アルキメデスは城壁上に巨大な凸面鏡を並べ、そこに太陽光線を集中させ、敵船に狙いを定めて光線を発射して燃やしてしまったというのだ。

これは、2世紀の著述家ルキアノスが残した逸話で、現代の科学では実現不可能と結論づけられている。ルキアノスが記した方法で敵船を燃やそうとするなら、火矢を飛ばしたほうが速くて簡単であることがわかっている。しかし、火のないところに煙は立たないもので、アルキメデスが凸面鏡を使って何かをしていた可能性は残るだろう。

もうひとつ、アルキメデスの発明で戦場で使われたとされているものに、**アルキメディアン・スクリュー**と呼ばれる水上げ装置がある。

シラクサで建造されたシュラコシア号という巨大艦船は、船内に庭園や神殿を備え、600人を収容する当時最大の船だった。シラクサのヒエロン2世はシュラコシア号の船内に溜まった水をかき出すために、アルキメデスに解決を求めたのである。

アルキメディアン・スクリューは、ハンドルを回して円筒の内部でらせん状の板を回転させることで、低い位置にある水を汲み上げることができた。シュラコシア号が戦場でどう活躍したかは不明だが、アルキメディアン・スクリューのおかげで浸水を防ぐことができたという。

ほかにもアルキメデスは、走行距離を正確に測る機械を作ったり、投石器に改良を施して威力を倍増させたり、さらに投石器やクレーンなどの兵器を効果的かつ効率的に使えるように、城壁の設計まで行ったと伝えられている。

アルキメデスの巨大反射鏡

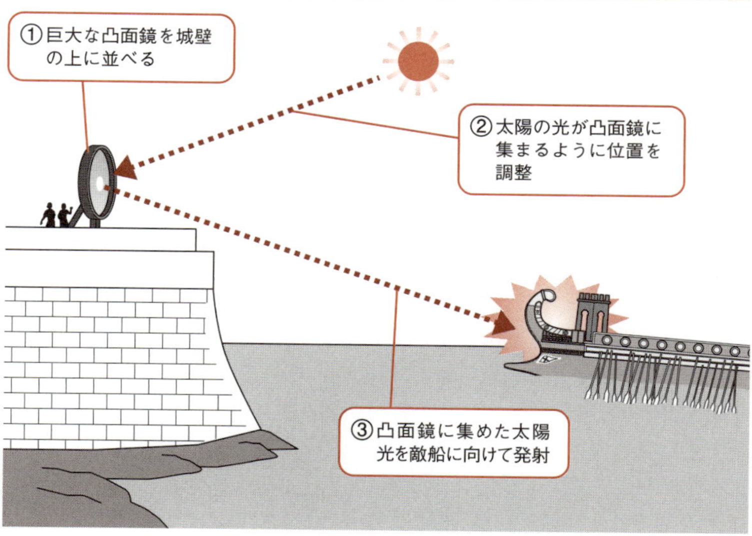
①巨大な凸面鏡を城壁の上に並べる
②太陽の光が凸面鏡に集まるように位置を調整
③凸面鏡に集めた太陽光を敵船に向けて発射

アルキメディアン・スクリュー

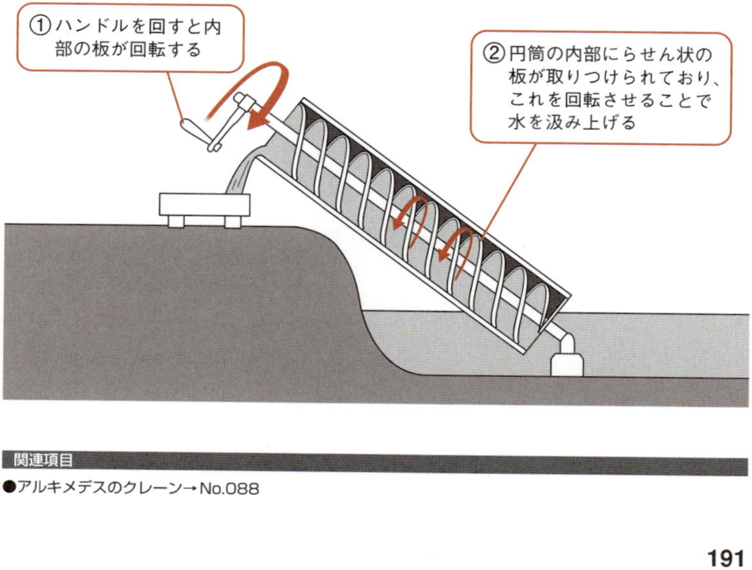
①ハンドルを回すと内部の板が回転する
②円筒の内部にらせん状の板が取りつけられており、これを回転させることで水を汲み上げる

関連項目

●アルキメデスのクレーン→No.088

No.090

自軍の軍象にやられたピュロス

象は陸上最大の動物であり、自在に操ることは難しかった。そのため、ひとつ間違えると象部隊が暴走し自滅することもあった。古代ローマ軍と戦ったピュロス王もそのひとりである。

●陸上の最大の動物兵器の弱点

紀元前5世紀頃に現れた**軍象部隊**は、インドやマケドニアの主要兵器となっていた。しかし、その巨体を操ることは簡単ではなく、なかには軍象の暴走で自軍が壊滅した部隊もある。

紀元前3世紀後半、イタリア半島統一をめざす古代ローマ帝国と、イタリア半島南部に勢力をもっていたギリシア系の都市・タレントゥムとの間に衝突が起こった。劣勢となったタレントゥムは、ギリシア本土の**エペイロス王国のピュロス王**に援助を求め、ピュロス王は兵2万5000と軍象20頭を率いて海を渡り、ローマ軍と対峙した。ローマ軍が軍象部隊に初めて遭遇したのが、このピュロス軍との戦いであった。

最初の戦闘では、ピュロスの軍象によってローマ軍は退けられたが、紀元前275年のマルウェントゥム付近での戦闘では、逆にピュロス軍の軍象を大混乱に陥らせて敗走させている。このときローマ軍は、20頭の軍象に火矢やたいまつを投げつけ、ひるんだ軍象の鼻先を槍《やり》や剣で突っついた。すると1頭の軍象がパニックを起こして、象使いを振り落として反転、暴走しはじめた。そうなると、残りの軍象たちも同様にパニックに陥り、ピュロス軍は自軍の軍象によって壊滅状態に追い込まれてしまった。

そもそも、象は穏やかで臆病な動物である。しかし、扱いやすい半面、ピュロスの軍象のような欠点をもち合わせた、まさに両刃の剣だった。

アレクサンドロス大王がインド軍と戦ったときも、インド軍の軍象部隊が迷走し、自軍を壊滅状態に追い込んでいる。このときも、ピュロスに対するローマ軍と同じように、アレクサンドロス率いるマケドニア軍は、軍象に向けて鋭い穂先を突き出した。すると、軍象たちはいっせいに向きを変えて逃げ出し、インド軍に突進してこれを壊滅してしまったという。

ローマ帝国とエペイロス王国の対立

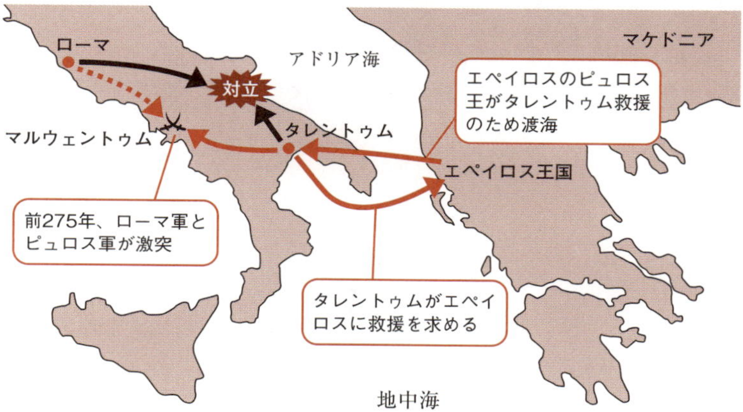
ローマ
対立
アドリア海
マケドニア
エペイロスのピュロス王がタレントゥム救援のため渡海
マルウェントゥム
タレントゥム
エペイロス王国
前275年、ローマ軍とピュロス軍が激突
タレントゥムがエペイロスに救援を求める
地中海

ローマ軍と軍象の対決

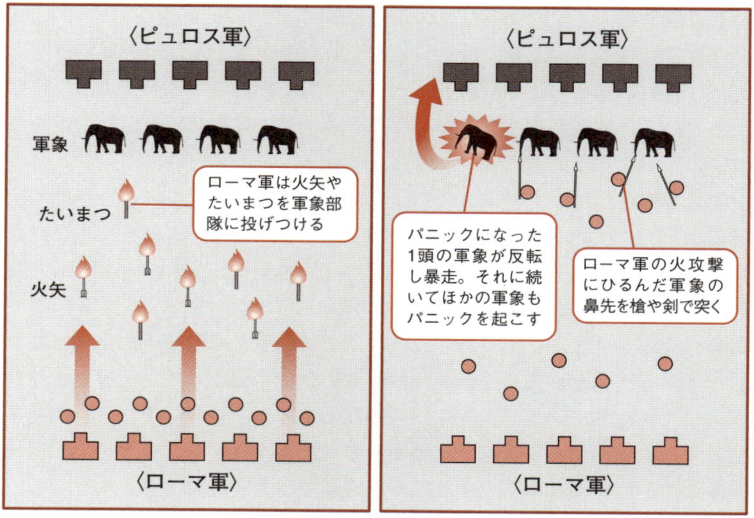
〈ピュロス軍〉
軍象
たいまつ
ローマ軍は火矢やたいまつを軍象部隊に投げつける
火矢
〈ローマ軍〉
〈ピュロス軍〉
パニックになった1頭の軍象が反転し暴走。それに続いてほかの軍象もパニックを起こす
ローマ軍の火攻撃にひるんだ軍象の鼻先を槍や剣で突く
〈ローマ軍〉

関連項目

●陸上最強の動物兵器・軍象→No.035
●軍象はどのように戦場で活躍したのか→No.036

No.091

象以外の動物兵器

戦場で兵器として活躍した動物は、象だけではなかった。日本に「火牛戦法」という戦術があったように、古代世界ではさまざまな動物が戦場に投入されていった。

●ラクダ、牛、犬なども戦場で活躍

象や馬が戦場に用いられるのと同じように、ほかの動物たちも戦場に駆り出されることがあった。そのひとつが、**ラクダ**である。ラクダは紀元前2500年頃から家畜として飼われ、紀元前700年代にはアッシリアと戦ったアラビア人がラクダ騎兵を使っていた。当初は1人乗りだったが、のちに御者と弓兵の2人ひと組でラクダに騎乗するようになった。前546年のサルディスの戦いのときには、ペルシアのキュロス大王がラクダ部隊を敵の騎兵部隊と戦わせて勝利したという記録が残っている。

ラクダは持久力があり、厳しい地形でも移動速度をそれほど落とさないため、輸送部隊としても活躍した。ただ、馬や象より気性が荒く、自由に操るためには熟練した技術を要し、またラクダの生息範囲が狭かったため、ヨーロッパに普及することはなかった。

牛も兵器としてよく使用された。ポエニ戦争中のトラシメヌス湖畔（紀元前217年）の戦いでは、マケドニア軍が、牛の角にたいまつをくくりつけ、ローマ軍を誘導しこれに勝利した（火牛）。紀元前279年の中国でも、斉《せい》国の田単《でんたん》が、約1000頭の水牛の尾に火のついたたいまつをくくりつけて敵陣へ突入させた。また、馬の代わりに牛に戦車を引かせる国もあった。

ほかにも古代から人間とかかわりが深い動物に**犬**がいる。犬は現在でも軍用に用いられているが、古代でもそうであった。優れた嗅覚と、飼い主に対する忠誠心があり、たとえば夜襲をかけようとする敵をいち早く察知するなど、直接的な攻撃力はないが、戦場では大いに役に立った。

また、**鳥**に火筒をくくりつけて敵陣に飛ばして火をつけたり、鳥に石弾をもたせて上空から石の雨を降らせたり、ほかには**イタチ**などの小動物にたいまつをもたせて敵陣をかき回したりといった使われ方もあった。

軍用ラクダの特徴

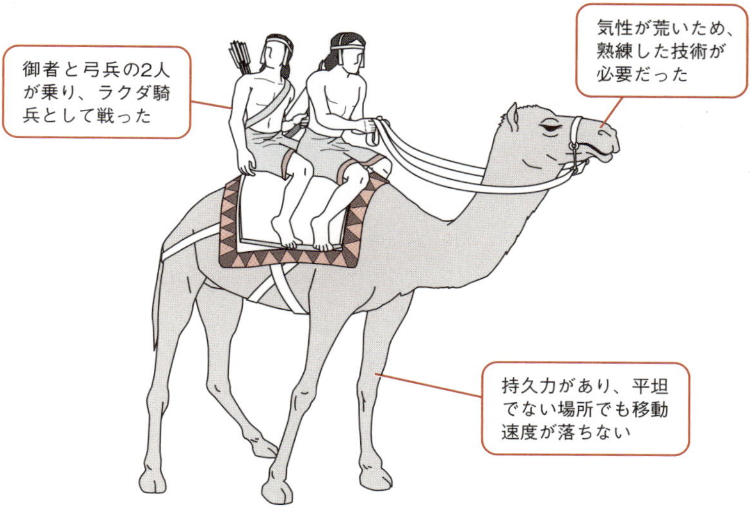
御者と弓兵の2人が乗り、ラクダ騎兵として戦った
気性が荒いため、熟練した技術が必要だった
持久力があり、平坦でない場所でも移動速度が落ちない

軍用牛の特徴

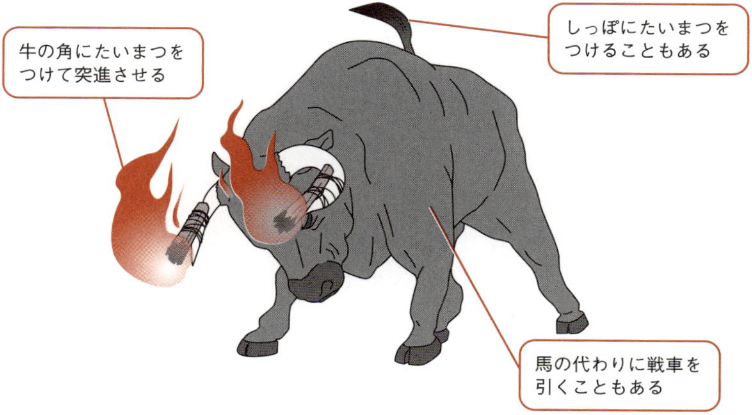
牛の角にたいまつをつけて突進させる
しっぽにたいまつをつけることもある
馬の代わりに戦車を引くこともある

関連項目

●陸上最強の動物兵器・軍象→No.035
●軍象はどのように戦場で活躍したのか→No.036

No.092

ゴート族の四輪車陣

古代ローマ帝国と戦ったゴート族が、ローマ軍の基本陣形レギオンに対抗するために考案した陣形が、「四輪車陣」である。この陣形は戦場で有効に働き、見事にローマ軍を粉砕した。

●古代ローマ軍のレギオンを破った陣形

ローマ帝国には、長く受け継がれた**レギオンと呼ばれる重装歩兵部隊**があった。これは、マケドニアのファランクスと同じような密集部隊で、1200名の歩兵と300名の騎兵からなる1個軍団のことである。歩兵は第1～第3の戦列兵に分かれ、第1と第2戦列兵は投槍を装備した交戦兵で、第3戦列兵は長槍を装備した予備兵だった。そして最前線に投射兵器をもった軽装歩兵が陣取った。ファランクスより機動力が高かったレギオンは、ローマ帝国軍の主力であり、数々の戦争で功を挙げた。

このレギオンを、時代遅れの産物として過去に葬り去ったのが、西ゴート族だった。西ゴート族は、ドナウ沿岸（現在のルーマニア）に定住していた民族で、フン族の西進に押し出されるようにローマ領内に侵入し、ローマ帝国との間で摩擦が起こっていた。

西ゴート族とローマ帝国の対立は激化し、378年、アドリアノープルでついに武力衝突するにいたった。ローマ帝国は、4万の兵からなるレギオンを投入し、対する西ゴート族は7万の兵を**四輪車陣**に組んで迎え撃った。

四輪車陣とは、戦車を円形に配置し、それを防御壁とした堅固な陣形で、円陣の中に歩兵部隊を温存するものだ。そして、状況に応じて、四輪車陣の中から、槍や弓などの投擲兵器で敵を攻撃し、ときには車陣から外に出て白兵戦を行う。そして危険を察知すれば、車陣の中に逃げ込んだ。

ローマ軍は、西ゴート族の四輪車陣の前に完敗を喫した。レギオンは西ゴート族の車陣の目前に迫り攻撃を開始したが、車陣のなかから次々と繰り出される西ゴート族歩兵に圧迫され、さらに重装騎兵に背後を取られて、なす術もなく死体の山を築いていった。ローマ軍の犠牲者は、3万人にも達したという。

レギオンの戦列

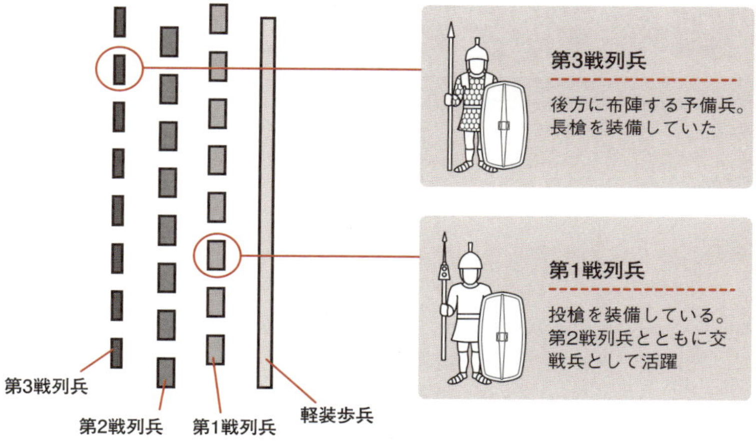
第3戦列兵
後方に布陣する予備兵。長槍を装備していた
第1戦列兵
投槍を装備している。第2戦列兵とともに交戦兵として活躍
第3戦列兵
第2戦列兵
第1戦列兵
軽装歩兵

ゴート族の四輪車陣

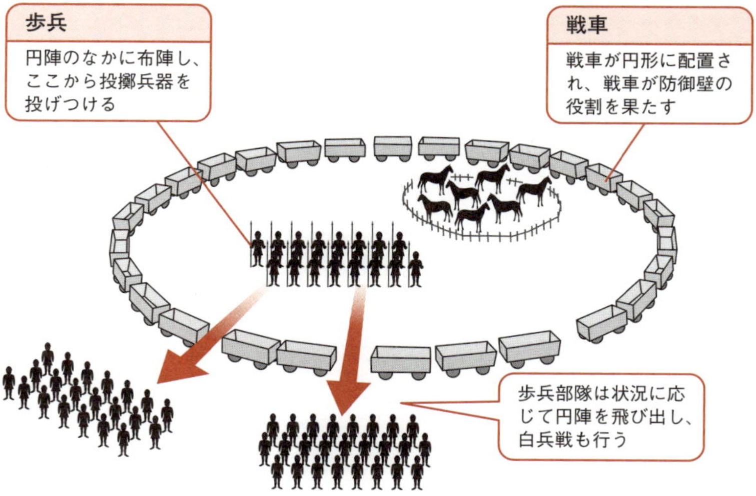
歩兵
円陣のなかに布陣し、ここから投擲兵器を投げつける
戦車
戦車が円形に配置され、戦車が防御壁の役割を果たす
歩兵部隊は状況に応じて円陣を飛び出し、白兵戦も行う

関連項目

●重装歩兵の集合体ファランクス→No.047

No.093

騎乗戦を可能にした鐙

騎兵部隊の有効性は古代にも認識されていたが、馬のコントロールが難しく、主力部隊とはならなかった。しかし、「鐙」の発明によって、騎兵部隊が戦場の花形となった。

●騎兵隊を主力部隊に変えた画期的な発明

古代の軍隊は、どの国でも歩兵部隊が主力であった。騎兵部隊も存在はしていたが、主力とはならなかった。騎乗したまま武器を振るうのは難しく、そこまで熟練した兵士を大量に抱えることができなかったからである。

騎乗戦の難しさは、いまでは当たり前に存在している**鐙《あぶみ》**が発明されていなかったことにあった。鐙とは馬の体の左右に吊り下げられた馬具で、そこに左右の足を引っかけることで安定性が増すものだ。鐙なしに騎乗すると、両足で馬の腹をしっかり抱えないと走れず、踏ん張りのきかない体勢で槍や弓などの武器を振るっても、威力は半減してしまう。また、両足に力を入れながら手綱を放して馬を操るといった技術は簡単に習得できるものではなかった。そのため、鐙の発明は画期的だった。両足を踏ん張って馬に乗れるようになり、簡単に騎乗戦ができるようになった。

鐙がどこで発明されたのか、いまだに定説はないが、最古の鐙は4世紀の中国に見られる。中国大陸の漢民族には騎馬の習慣がなく、それを補うために発明されたと考えられている。日本や朝鮮半島では5世紀になって使用の痕跡が残されている。その後は、ヨーロッパの各地でも使われるようになり、鐙はアジアからヨーロッパへ伝来していった。

鐙はその後世界中に伝わり、騎兵部隊の攻撃力を大幅にアップさせた。全体重を鐙で支えて槍や剣を使うことができるようになり、足で馬を抱えなくてもいいのでスピードも出せるようになった。

ちなみに、騎兵部隊が誕生してから鐙が登場するまので数百年の間も、さまざまな試みが行われていた。たとえば、人々は鞍の四隅に木製の角状のものを取りつけることによって安定性を得ていた。平面の鞍に比べれば体が傾いても体勢を戻すのも楽で、はるかに弓や槍の使用は簡単であった。

鐙と鞍

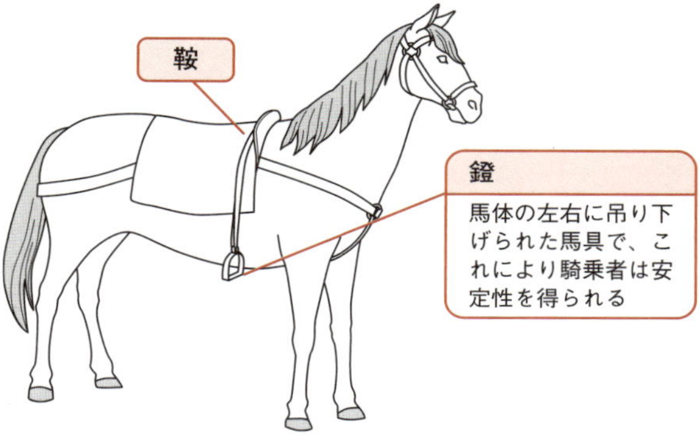
鞍
鐙
馬体の左右に吊り下げられた馬具で、これにより騎乗者は安定性を得られる

鐙のメリット

1 安定性

両足を鐙に引っかけることができるようになり、騎乗の安定性が増した。

2 攻撃力アップ

両足を踏ん張ることができるようになり、馬上からの攻撃が格段にたやすくなった。

角つきの鞍

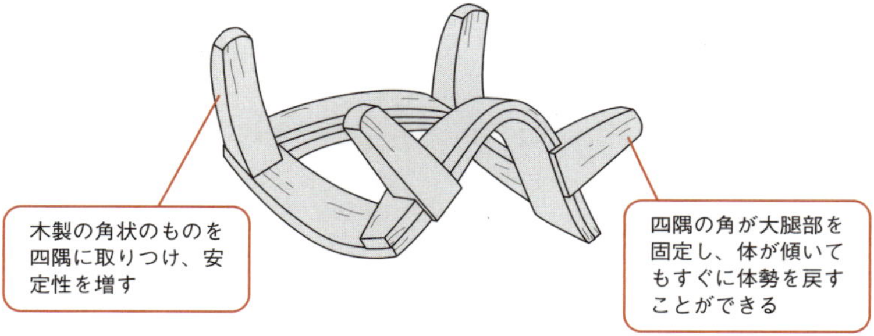
木製の角状のものを四隅に取りつけ、安定性を増す
四隅の角が大腿部を固定し、体が傾いてもすぐに体勢を戻すことができる

関連項目

●戦車部隊から騎兵部隊へ→No.008

No.094

ビザンツ帝国で発明された「ギリシアの火」とは

ローマ分割によって誕生したビザンツ帝国は、滅亡までの期間、あらゆる国から侵略を受けてきた。しかし、首都・コンスタンティノープルへの侵攻を防いだのは、「ギリシアの火」と呼ばれる兵器だった。

●ビザンツ帝国を守った火炎兵器

4世紀、古代ローマは西ローマ帝国とビザンツ帝国（東ローマ帝国）に分割された。ビザンツ帝国は6世紀のユスチニアヌス帝のときに隆盛を誇ったが、以降は終始イスラム帝国の侵攻にさらされ、首都コンスタンティノープルは何度も陥落の危機を迎えた。

673年、イスラム帝国はコンスタンティノープルを包囲し、7年にわたる海上封鎖を行った。このとき、イスラム帝国の魔手からビザンツ帝国を救ったのが「**ギリシアの火**」だった。開発されたのは、おそらくもっと早い時期であろう。

ギリシアの火は、現代の火炎放射器に相当する兵器で、ギリシアの建築家カリニコスが発明したとされている。ギリシアの火の製造方法はビザンツ帝国の門外不出の機密事項とされたため、ビザンツ帝国の滅亡と同時にその製法は失われた。残された文献から推測すると、液状もしくはゲル状の可燃性の物質を小さな箱に詰めて手榴弾《しゅりゅうだん》のように敵に投げつけたり、サイフォンの原理を利用してポンプで吸い上げて噴射して火をつけたようだ。水をかけても消えず、むしろよけいに燃え広がったという。

ギリシアの火の成分は硫黄《いおう》、硝石《しょうせき》、ガソリン、松脂《まつやに》、ゴム樹脂が含まれていたようだ。また、砂以外に消火することができなかったという説もあり、それを信じるなら、ナフサを原料としていたとも考えられる。

ギリシアの火は、あらゆる戦場で圧倒的な力を見せつけ、相手を寄せつけなかった。とくに海戦での効果は抜群で、木造の艦船はことごとく焼き払われた。そして800年ほどの間、ギリシアの火はコンスタンティノープルを守り続けたのである。

ギリシアの火の特徴

ギリシアの火とは

1. ビザンツ帝国（東ローマ帝国）で開発された門外不出の兵器
2. ビザンツ帝国をイスラムなどの侵略から何度も救った
3. ビザンツ帝国の滅亡とともに製法も失われ、作り方は推測するしかない
4. 水をかけても消えず、よけいに燃え広がったといわれる

ギリシアの火を描いた当時の絵（9世紀前半）

関連項目

●古代から中世へ——火薬の発明→第2章コラム

No.095

敵の行動を阻止するための罠・夜伏耕戈

古代中国では、自陣に入り込んできた敵兵に対して、夜伏耕戈という罠を仕掛けることがあった。これは、弩にロープを結びつけて、そのロープに触れると矢が発射する仕掛けである。

●敵を寄せつけない驚異の罠

中国は明代（14世紀以降）に書かれた『紀《き》効《こう》新《しん》書《しょ》』という本に、「夜《や》伏《ふく》耕《こう》戈《か》」という兵器が載っている。**夜伏耕戈とは、侵入してきた敵を倒すために仕掛けられた、弩を使った罠のこと**である。

夜伏耕戈は罠である以上、相手に気づかれないように設置しなければならないが、どのような仕組みになっていたのだろうか。

まず、夜伏耕戈に使う弩の引き金に縄をくくりつけ、その縄を地面に這わせておく。そして、敵が縄を踏むと引き金が引かれて矢が発射されるという仕組みである。

縄の先にセットされた弩はひとつではなく複数だった。そのため、たとえ一発が命中しなくても、次の矢が相手を仕留めたりした。

夜伏耕戈は明代の書物に書かれたものだが、そのルーツは紀元前3世紀までさかのぼる。紀元前210年に病没した秦の始皇帝は、生前に自分の墓を用意していた。地下深くに作られたその墓には、多くの宝物も一緒に埋葬されたため、盗掘《とうくつ》の恐れがあった。

そこで、**墓泥棒から陵墓を守るために、「機《き》弩《ど》矢《し》」という罠**を仕掛けた。これは夜伏耕戈と似たような仕組みになっていて、滑車に通したヒモを床下に張っておき、その部分の床を踏むとヒモが引っ張られて、先端につながれている弩の引き金が引かれるように細工された罠である。

そして、弩から発射された矢が、盗掘者を貫くのである。機弩矢もまた、夜伏耕戈と同様に複数設置されていたと考えられる。

機弩矢の場合は、個別にいくつか設置されていたと考えられるが、夜伏耕戈は1本の縄から分岐した複数の縄で弩をセットしていたので、一度縄を踏んでしまったら、一斉に矢が発射された。

夜伏耕戈のしくみ

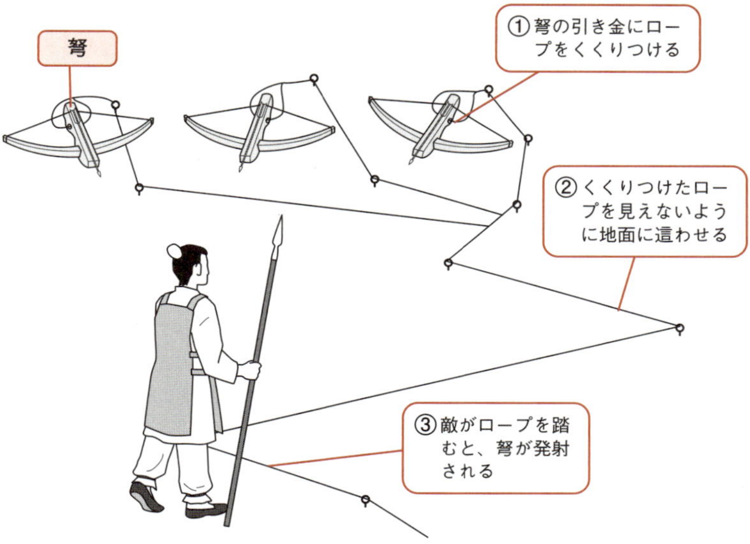
弩
①弩の引き金にロープをくくりつける
②くくりつけたロープを見えないように地面に這わせる
③敵がロープを踏むと、弩が発射される

機弩矢のしくみ

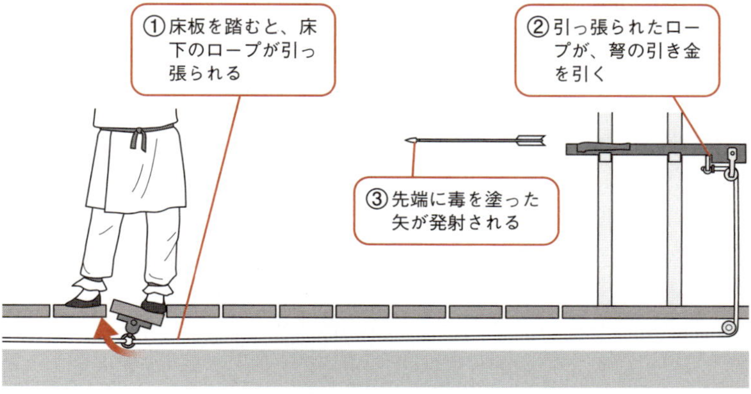
①床板を踏むと、床下のロープが引っ張られる
②引っ張られたロープが、弩の引き金を引く
③先端に毒を塗った矢が発射される

関連項目

●中国で開発された大型の弓・床子弩→No.050
●暗器として使用された小型兵器・弾弓→No.053

No.096

戦場での重要な通信手段となったのろし

古今東西を問わず、確実かつスピーディーな通信手段が、戦争の勝敗を分けた。直接的な兵力ではないが、指揮系統に欠かせない通信活動は古来、重視されていた。

●戦場の通信手段とは

戦争において重要なのは、兵数や兵器の有無ばかりではない。遠方の味方と意思を疎通するための通信手段も非常に重要であった。

古代における通信手段は、騎馬の習慣が伝わってからは、主に**馬を使った早馬《はやうま》**だった。しかし、早馬だと距離が長ければ日数がかかるし、下手をすれば敵方に捕らえられて情報が漏えいする恐れもある。そこで考え出されたのが、**のろし**であった。物を燃やして、発生する煙によって情報を伝えるのである。

古代ギリシアでは、のろしと水時計を組み合わせて情報を通信していた。信号の中継地点ごとに同じ寸法の水時計を置き、のろしがあがると同時に水時計の水を抜き、次ののろしがあがったときに栓をして、そのときの水位と記号表を照らし合わせて、どのような情報が送られてきたのかを把握した。

ただし、この方法だと、たとえば「クレテ人が100人逃げた」という情報を通信するために、173種類もの信号が必要だったとされ、誤受信も多かった。また、早馬は無事に到着できれば確実に情報は伝わるが、のろしの場合は、合図を見逃すという人為的なミスが起こりうる可能性があった。

のろしは、古代中国でも使われた。中国では、紀元前3世紀頃、のろしを上げるための施設・**烽火台《のろしだい》**がシルクロードに設置され、匈奴《きょうど》の襲来をのろしによって中央に伝えたという。烽火台は城壁で囲まれた四角い家屋で、屋上に煙を出すかまどが設置されていた。かまどの蓋を開閉することで煙の量を調節した。そのほか「**布蓬《ふほう》**」といって、四角い板に赤い布を貼りつけて、それを7メートルほどの高さがある旗竿の先にぶら下げて信号とする方法もあった。

のろしのメリットとデメリット

メリット	デメリット
・遠方の味方と情報を伝達できる	・信号が増えれば、そのぶん誤受信も多くなる
・早馬よりも速い	・合図を見逃すという人為的ミスが起こりうる
・情報が漏えいする可能性が低い	

古代中国の烽火台

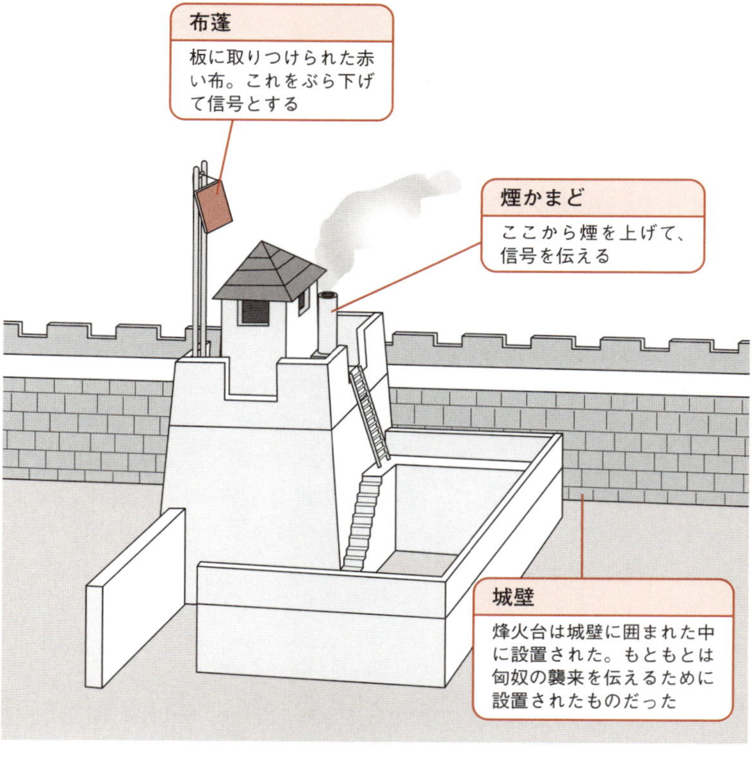
布蓬
板に取りつけられた赤い布。これをぶら下げて信号とする
煙かまど
ここから煙を上げて、信号を伝える
城壁
烽火台は城壁に囲まれた中に設置された。もともとは匈奴の襲来を伝えるために設置されたものだった

関連項目

●騎乗戦を可能にした鐙→No.093

No.097

古代日本にもあった弩

古代ヨーロッパなどでは広く使われた弩は、中国から日本にも伝えられたが、日本ではあまり使われなかった。理由は、古代日本の戦い方にそぐわなかったからといわれている。

●日本で弩はどう使われたか

古代世界で広く使われた弩は、日本で使われたという記録はあまり見られない。まったくなかったわけではなく、『日本書紀』には弩の記述があるし、弥生時代後期の姫原西《ひめばらにし》遺跡（島根県）からは弩の発射台らしきものが出土しており、3世紀頃には中国から伝わっていたと考えられている。

しかし、当時の日本にはお互いに都市を攻略するような大がかりな戦争はなく、また遠距離戦、組織的な戦争という概念もなく、敵と接近しての戦闘が多かった。そのため、装填《そうてん》に時間がかかる弩は、日本では普及しなかった。弩の使用の記録は、壬申《じんしん》の乱（672年）と藤原広嗣《ふじわらのひろつぐ》の乱（740年）に見られる程度である。その2つの戦乱にしても、弩がどのように有効に使われたかまでは記述がない。

その後、8世紀に律令《りつりょう》制度のもとで軍制が整えられた頃にも、弩の記述は見え、律令の規定では各軍団の一隊（50人編成）ごとに弩手を2人置くことになっている。また、弩を作る教習が、出雲国（現在の島根県）で行われていたという記録もある。蝦夷攻撃の拠点となった伊治《いじ》城跡（8世紀中頃築城、宮城県）からは、弩の引き金部分の金具らしきものが見つかっており、戦争に使われていたことをうかがわせる。残念ながら、日本において弩の全体像を表す出土品はなく、絵画などにも残されていないが、中国大陸から伝わったことは確実であり、中国の弩とほぼ同じかたちをしていたと考えられる。

平安時代になると、回転式の弩が製造されるなど、弩は日本独自の進化を遂げるのだが、それ以降の日本の戦場で弩が使われることはなくなる。それは、日本の武士たちが、名乗りを上げて刀を振るうという気質からくるもので、弩は、日本人の戦闘理念にそぐわないものだった。

日本の弩

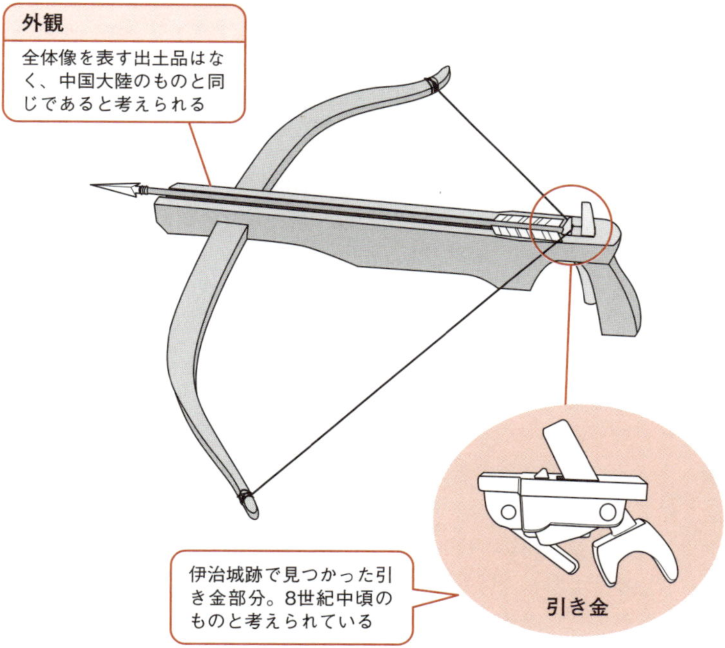
外観
全体像を表す出土品はなく、中国大陸のものと同じであると考えられる
伊治城跡で見つかった引き金部分。8世紀中頃のものと考えられている
引き金

日本の弩の歴史

- **3世紀頃**：弥生時代後期。姫原西遺跡から弩の発射台が発見される
- **672年**：壬申の乱で使用されたとの記述がある
- **740年**：藤原広嗣の乱で使用されたとの記述がある
- **8世紀中頃**：伊治城跡から弩の引き金部分が発掘される

関連項目

●中国で開発された大型の弓・床子弩→No.050

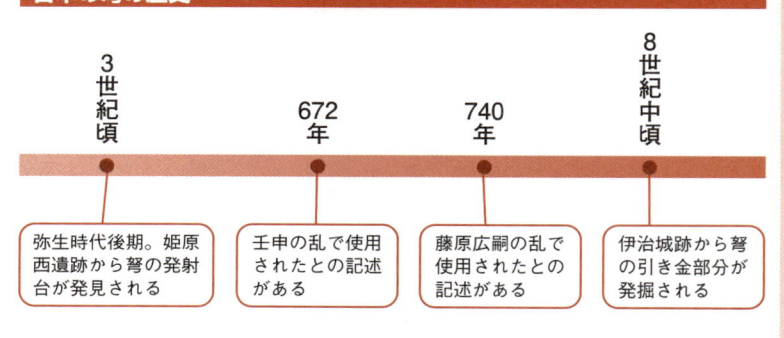

No.098

日本の投石器・いしはじき

島国であるがゆえに、外敵と戦う機会がなかった日本では、投石器といった大型兵器は浸透しなかった。しかし、飛鳥時代に投石器は中国から伝来しており、「いしはじき」という名で使われた。

●日本式投石器・いしはじきの実態

ヨーロッパ大陸や古代中国で発展した投石器の類は、弩と同じように、古代日本にはほとんど見受けられない。国と国との大きな戦いがなかった当時の日本では、それほど必要ではなかったのであろう。

古代日本で投石器を表すのは、「いしはじき」という兵器である。『日本書紀』には、618年に朝鮮の高句麗《こうくり》からの使者が、「隋《ずい》の煬帝《ようだい》、三十万の衆をおこして我を攻む。かえりて我がために破られぬ（中略）鼓吹《こすい》、弩、いしはじきの類十物」と述べ、推古《すいこ》天皇へ献上したことになっている。

いしはじきは、「機会を作りて石を擲《なげうつ》て敵を撃つ」（『令義解《りょうのぎげ》』）道具とされている。それが大陸で使われていた投石器と同じものなのかはわからないが、『和名抄《わみょうしょう》』（10世紀）にはいしはじきのことを、「大木を建て石を置き、機を発して敵に投ずる」と説明しているので、中国のものほど大きくはないが、それほど大差のない形態だったのではないかと考えられる。

実際に、いしはじきが戦場で使われた痕跡は残されていないが、壬申《じんしん》の乱後の685年に、天武《てんむ》天皇が畿外地域に発布した詔に、「大角《はら》、小角《くだ》、鼓吹、幡旗とともに弩・いしはじきの類を私家に置くのを禁じる」とあり、中央以外の各地に、弩やいしはじきといった兵器が常備されていたことがわかる。また、律令制度のもとでは、中央の衛門府《えもんふ》や左・右衛士《えじ》府に配属された衛士たちに対して、いしはじきの訓練が義務づけられていた。中央に従属しない蝦夷《えぞ》（現在の東北地方）と隼人《はやと》（現在の九州地方南部）の中には城柵と呼ばれる防御施設を作っているところもあり、それに対する備えであった。

弩と同じく、いしはじきの姿形も絵画には残されておらず、中世に入ってからの記録にもない。日本において、いしはじきは幻の兵器なのだ。

いしはじきの特徴

特徴

- 実物や絵が残っておらず、詳細はわからない
- 大きな戦いがなかった日本では、ほとんど普及しなかった

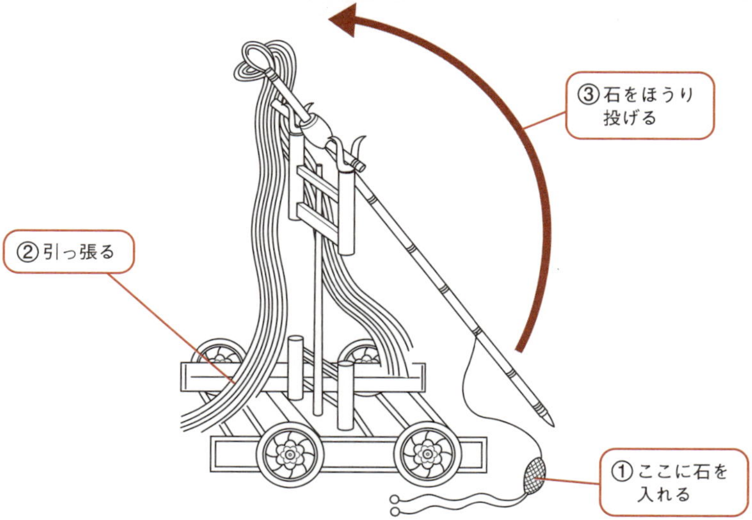
③石をほうり投げる
②引っ張る
①ここに石を入れる

いしはじきの歴史

- **618年**：高句麗の使者が、推古天皇にいしはじきを献上
- **685年**：いしはじきの私有を禁止する詔が出される
- **710年**：大宝律令によって衛門府や左右衛士に、いしはじきの訓練が義務づけられる
- **10世紀中頃**：この頃編纂された『和名抄』に、いしはじきの説明が記述される

関連項目

●巨大な投石器カタパルトの登場→No.013
●中国式の巨大投石器・発石車とは→No.067

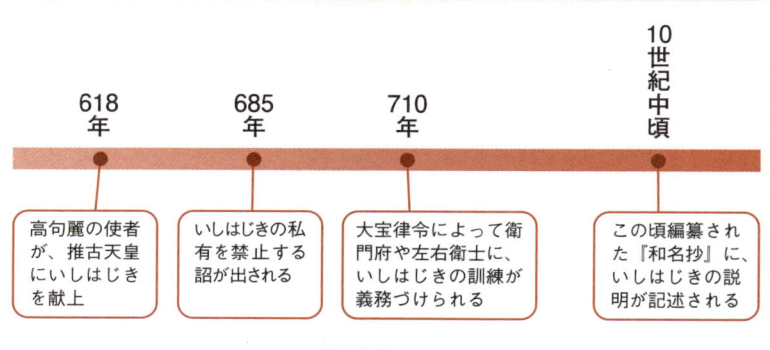

No.099

古代日本の船

島国・日本では、海は身近な存在であり、船も古くから建造されていた。しかし、外敵との接触が少なかった古代日本では、軍用としての船はなかなか発達しなかった。

●古代日本が使っていた船とは

日本は海に囲まれた島国のため、外敵との戦乱は少なかった。したがって、船は建造されたものの、多くは商船や漁業用の船であり、古代の地中海世界などに見られるガレー船のような軍船はほとんど存在しない。

古代日本の船は、『日本書紀』の神話部分には登場するが、存在が確認されるのは弥生時代になってからだ。舳先《へさき》部分が鳥のくちばしのように尖っている船形埴輪《はにわ》が出土しており、衝角《しょうかく》のような役割を果たしたとも考えられるが、量産は難しかったようだ。弥生時代後期になると、複数の材木を鉄釘でつなぎ合わせる複材式船が登場してくる。櫂《かい》が左右に17本ずつある帆柱つきの船が描かれた土器が発見されており、かなり大型化している。これが古墳時代になると、両舳先が反り返るゴンドラ型が多くなり、さらに大型の船が建造されるようになった。しかし、それも量産はできなかったようで、海戦用の船には転用できなかった。実際、日本初の対外戦ともいわれる白村江《はくすきのえ》の戦い（663年）で使われた船は、一本の木をくり抜いて作る丸木船がほとんどで、海戦のやり方も、丸木船で敵船に近づいて白兵戦を仕掛けるという原始的なものだった。

対する唐が繰り出した艦船は、艨衝《もうしょう》などの軍船だったことからも、日本の艦船技術は、この時点でかなり劣っていたといわざるを得ない。白村江の敗戦で亡命してきた百済《くだら》人などによって、造船技術が伝えられたともいわれる。その後、白村江の敗戦以降に作られた百済式の船は、遣唐使船などに使われた。遣唐使船は、100名以上が乗り込めるほど巨大な船であったが、やはり戦闘用としての機能はなかった。

ただし、古代日本の船が全体を残して出土することが少なく、絵画や書物に頼るしかないため、全貌が明らかでないのも事実である。

古代日本の船の変遷

[弥生時代後期]

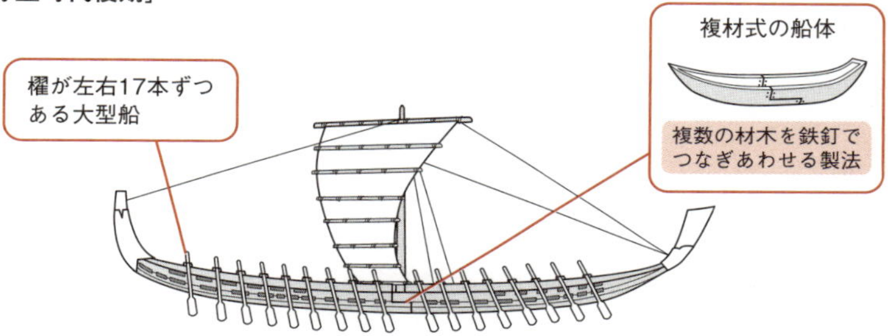
櫂が左右17本ずつある大型船
複材式の船体
複数の材木を鉄釘でつなぎあわせる製法

[古墳時代]

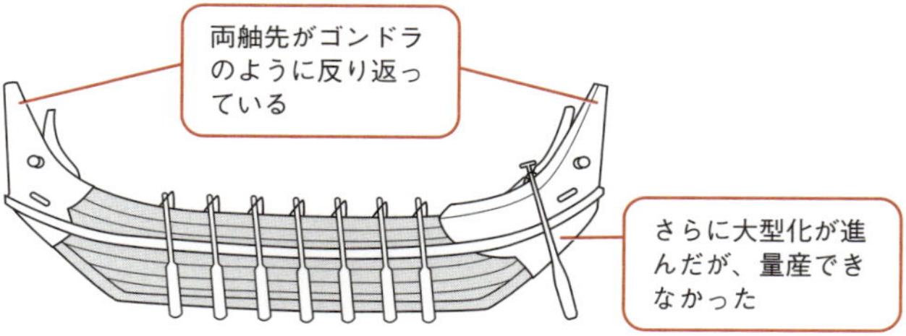
両舳先がゴンドラのように反り返っている
さらに大型化が進んだが、量産できなかった

[飛鳥～奈良時代]

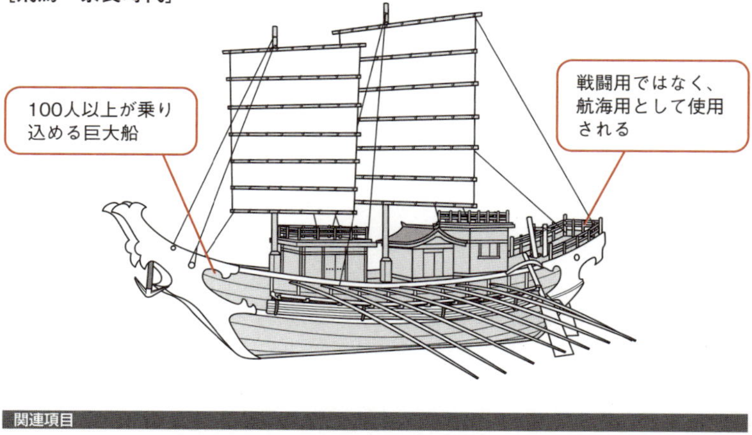
100人以上が乗り込める巨大船
戦闘用ではなく、航海用として使用される

関連項目

●海上兵器「ガレー船」の発達→No.011
●古代中国の海上を走り回った艨衝とは→No.075

No.100

人々を苦しめた古代の「拷問器具」

アペカ像、ペリロスの牛、巨大石臼、ラック……古代の為政者たちは反乱者や捕虜を痛めつけるために、さまざまな拷問器具を開発した。兵器ではないが、これらの拷問器具を紹介していこう。

●反乱者、抵抗勢力を痛めつける兵器

戦場に投入された以外にも、人類は兵器を考え出し実用化していった。その最たるものが、拷問《ごうもん》器具である。拷問は中世から近代にかけて盛んに行われたが、もちろん古代の記録も残されており、恐ろしい姿形をした拷問器具がいくつも作られている。

古代ギリシアのスパルタで使われた拷問器具が、「**アペカ像**」である。暴君ナビスが抵抗勢力を屈服させるために作らせたもので、アペカとはナビスの妻の名である。

アペカ像は、人が1人入れるくらいの棺状の女人像で、扉の内側に鋭くとがった鉄釘が何本も打ち込まれている。その棺の中に犠牲者を閉じ込め扉を閉めることで、鉄釘が犠牲者の体を貫く仕掛けになっている。

また、紀元前6世紀、シチリアで作られた「**ペリロスの牛**」という拷問器具は、火あぶりにするときに使われた。真ちゅう製の牛の彫像で、胴体部分に人が1人入れる空洞がある。そこに犠牲者を押し込み、牛の腹の下から火であぶるのだ。

時のシチリア王ファラリスは、ペリロスの牛を好んで使ったといわれており、多数の犠牲者を出した。しかし、ファラリスの専制に反乱軍が結成され、捕らえられたファラリス自身が、ペリロスの牛の最後の犠牲者となり、以降使われることはなかったという。

ほかにも、中国南北朝末期（6世紀半ば）に現れた侯景《こうけい》は、巨大な石臼《いしうす》を作って、そこに罪人を放り込んで挽《ひ》いたと伝えられる。古代ギリシアのプロテクスは、鉄製の拷問台（ラック）を作って罪人を切り刻んだ。

アペカ像の形状

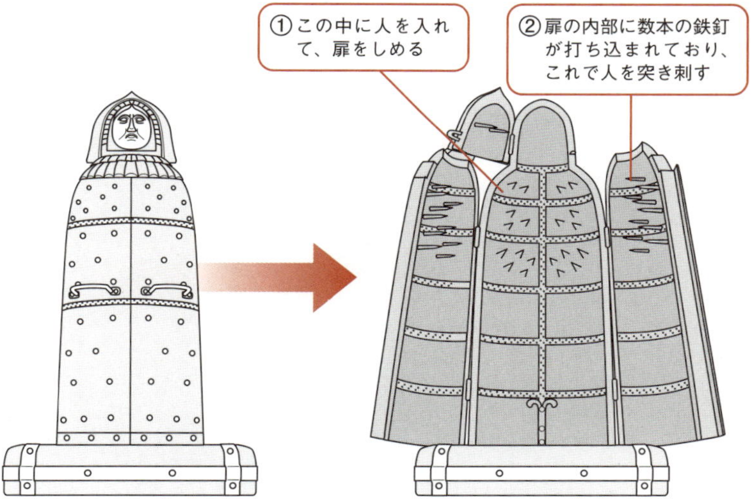
①この中に人を入れて、扉をしめる
②扉の内部に数本の鉄釘が打ち込まれており、これで人を突き刺す

ペリロスの牛の形状

①真鍮製で牛の形をしている
②胴体部分に扉があり、ここに人を押し込める
③牛の腹の下で火をつけて、牛の彫像を火であぶる

重要ワードと関連用語

あ

■アーバレスト

13世紀のイタリアで用いられたクロスボウのこと。ラテン語で「弓＋大型投石器」を意味する言葉が語源とされ、クロスボウを「いしゆみ」という根拠のひとつとなっている。

■アッカド

メソポタミア地方南部に興った帝国。紀元前2300年頃にサルゴン王によってシュメールを征服し、統一メソポタミアを支配した。新しい兵器として複合弓を導入したり、のちのファランクスに通じる密集隊形を取り入れたりするなど、軍事技術の発展に大きく寄与した。

■アッシリア

メソポタミア地方に興った国家で、もともとはバビロニアやミタンニに従属していたが、紀元前1350年頃から強大化。紀元前1114年に即位したティグラト・ピレセル1世の時代に版図を拡大したが、一時期衰退。その後、紀元前900年頃に再び勢力を盛り返し、古代近東世界の大部分を勢力圏に収める大帝国となった。

■アッティカ要塞

古代ギリシアの都市、アテナイが紀元前4世紀、北部の国境に築いた要塞。軽装備部隊を配置するとともに、飛翔兵器の使用を重点的に考えて築かれていた。カタパルトなどの投石兵器を使えるように、隙間や窓が備えられていたとされる。

■アリアヌス

2世紀の古代ローマの歴史家で、『アレクサンドロス東征記』の著者として知られる。その中で、アレクサンドロス大王が川を渡って撤退する際に、カタパルトなどの投石兵器を使って後方を防衛させ、飛距離が長く敵に届くものなら何でも発射するように命じたと記述しており、当時のマケドニアに投石兵器が普通に配備されていたことがわかる。

■アレクサンドロス大王

紀元前4世紀後半のマケドニアの王。ギリシア本土のみならず、インドやペルシア方面までを版図に組み入れる一大帝国を築いた。「ねじりばね」の利用など、兵器史上にも大きな役割を果たした。紀元前334年のハリカルナッソスの戦い、紀元前332年のテュロス攻囲戦では、両市だけでなくアレクサンドロス軍もカタパルトを使った攻防が行われた。

■イーリアス

古代ギリシアのホメロスによって著された、戦争を描いた叙事詩。そこで描かれるのはトロイア戦争であり、ミュケナイの戦車部隊に関する記述も見える。

■イッソスの戦い

紀元前333年、アレクサンドロス大王率いるマケドニア軍とペルシア軍との間で起こった戦い。マケドニア軍の猛攻にペルシア軍は苦戦し、戦車に乗って戦場で指揮を執っていたペルシア王ダレイオスは、武器を捨てて戦車に乗ったまま逃げ出した。戦いに勝利したマケドニア軍は、ペルシア軍が残していった戦車や弓など多くの兵器を奪い取ることに成功した。

■殷

考古学的に実証されている、中国最

古の王朝。紀元前17世紀に興り、紀元前11世紀まで続いたといわれる（諸説あり）。

■海の民

紀元前1200年頃から東地中海沿岸の国々を襲撃し、ヒッタイトやミタンニ王国の衰退の一因をつくった民族。彼らの起源は依然謎に包まれており、ペリシテ人などの部族連合、ギリシア地方を追われたギリシア系民族、クレタ文明の生き残りなどの説がある。海の民は古代エジプトとの抗争で、ラムセス3世の戦車隊の前に敗れ、海上ではエジプトの軍船の前に敗走した。しかし、その後海の民はパレスチナとカナンに定住したとされ、やがて歴史から姿を消した。

■エリコ

新石器時代（紀元前8000年頃）の最古の集落。大規模な城壁と塔があり、弓や投石器などの長距離兵器による攻撃から守るための堡塁も備えられていたと考えられている。

か

■ガウガメラの戦い

紀元前331年、アレクサンドロス大王の東征の際に起こった戦い。マケドニアとペルシアとの戦争で、ペルシア軍は10万以上の兵力をそろえ、マケドニア軍も4万7000という兵力で対峙したとされる。ペルシア軍には騎兵隊と歩兵隊のほかに、戦車隊4大隊があり、総数200両ほどの戦車が配置された。しかし、結果はマケドニア軍の圧勝に終わり、やがてペルシアはアレクサンドロス大王に完全に掌握されることになる。

■カナンの戦車

カナン人が戦車を発明したとする説もあるほどで、カナン人と戦車のかかわりは深い。カナン人が使用した戦車は軽量でスピードが出るものであった。エジプトに戦車が伝わったのも、カナン人との戦闘を通じてのことだったと考えられている。

■匈奴

紀元前5世紀頃、現在のモンゴル地方に住み着いた民族、および彼らが興した国。春秋戦国時代以降、たびたび中国王朝と対立し、その後も内紛を繰り返しながらも三国時代まで存在した。中国の歴代王朝は、匈奴との対立を通じて、さまざまな兵器や防御方法を編み出すことになる。

■ギリシアの暗黒時代

ミュケナイ文明崩壊後のギリシアは、紀元前800年頃まで、以前の文明が失われ、文字もなくなってしまったため、記録がほとんど残らない時代となってしまった。その間、ギリシアの隣国であるペルシアやアッシリアでは軍事技術の発展が見られ組織的な軍隊が創設されたが、ギリシアでは逆に、1対1で決闘しあうような原始的な形態の戦争に戻ってしまった。紀元前5世紀のピュロスの戦いで敗れたスパルタの兵士が、ペルシアのカタパルトに対して軽蔑をあらわにするなど、古代ギリシアの軍事制度は遅れていた。海戦ではペルシアに負けない力をもっていたにもかかわらず、陸戦においてはマケドニアのフィリッポス王の登場まで、軍事制度の遅れを取り戻せず、たとえば古代ギリシアでは戦場に野営地を備えることもしなかったという。

■戟

矛と戈を合体させて作られた戦闘用の長柄武器。突くと矛の部分が相手を貫き、叩くと戈の部分が刺さる仕組みになっていた。春秋戦国時代から現れ、三国時代まで使われた。

■呉起

兵法書『呉子』の著者で、戦国時代前期を代表する兵家（戦争を勝利に導くために助言するブレーンのこと。日本でいう参謀）。魯、魏、楚に仕え、その間に携わった戦争については、引き分けを挟んで64戦無敗という伝説的な数字を残したといわれる。

■コリントス戦争

紀元前395年に勃発した、スパルタとギリシア都市同盟軍との戦い。その緒戦で同盟軍側は、騎兵600、弓兵300、投石兵400、歩兵1万6000をそろえてスパルタと対峙したが、スパルタはこれを一蹴し勝利を収めた。

さ

■戎右

「じゅうゆう」と読む。「車右」と同じ意味で、戦車の右側に乗り、戦車の主戦力となった兵士のこと。戟など長柄武器と盾をもち、すれ違いざまに相手の戦車と刃を交えた。

■シュメール

世界でも初期の部類に入る文明を作り上げた都市国家。武器や兵器の発展に寄与した文明として知られる。高度な訓練を受けた兵隊を組織的に使用し、そこに職業兵士という存在が誕生した。シュメールの軍事技術や戦術は、やがて国境を越えて伝播していくことになった。

■シュルッパクの銘板

メソポタミアで最大の穀物貯蔵庫があったと考えられているシュルッパクについて刻まれた粘土板。紀元前2350年頃に当地で起きた火災の影響で、粘土板が焼き固められたため、ほぼ原形を保ったまま発見された。そこにはシュメール文明についての記述もあり、当時のシュメールは3万から3万5000の人口を有していたとある。

■新ユダの戦車

新ユダのヘブライ人は、カナンにたどり着くまでは戦車を使用していなかった。むしろ、戦車をもつことを拒み、戦争を通じて奪い取った戦車は焼いて処分していたといわれる。しかし、カナンに定住して新ユダを創設すると、カナン式の戦車を使うようになった。

■スパルタ

紀元前1000年頃に興った古代ギリシアの都市。重装歩兵の密集隊形をいちはやく古代ギリシアに持ち込んだ。そのため、スパルタでは徹底的な兵隊の訓練が行われ、成年男子はもれなく商業や農業に従事することを禁じられ、30歳になるまでは兵舎での生活を強いられた。紀元前300年代にはカタパルトを取り入れるなど、軍事力を大幅に増強させ、スパルタはやがてギリシアの盟主となる。

■青銅器時代

金属の採掘と製錬によって銅を使うようになった時代で、紀元前3000年頃からのアナトリア方面ではじまったとされる。兵器にも金属を使用できるようになり、弓の矢には金属製の矢じりが開発され、車輪にも金属が使用されて戦車は大きく発達するなど、この時代に兵器は大いに発展した。しかし、銅を青銅に変えるには、当時は希少だった錫が必要であり、大量生産は難しかった。

■孫武

中国王朝・呉の王、闔閭（在位：紀元前515年～前496年）に使えた兵家。有名な兵法書である『孫子』の著者として名高いが、経歴などはいまだに不明の部分が多い。

た

■ダビデ

古代イスラエルの王。イスラエルの戦争に戦車を取り入れた人物といわれる（ダビデの前の王・サウルであるとする説もある）。ダビデの時代に、イスラエルには大規模な正規軍が創設された。

■チャタル・ヒュユク

紀元前7000年頃のアナトリア（現在の小アジア）の遺跡。古代の主要な長距離兵器である投石器の一部が発見された。アナトリアのほかの遺跡からは、投石器に使ったと考えられる丸い石が大量に出土している。

■デボラの歌

聖書の『士師記』第5章に書かれている歌。イスラエル軍とカナン軍との戦いを物語ったもので、カナン軍は馬が引く戦車隊を操っていたことが記されている。イスラエル軍は、カナン軍の戦車隊が川の洪水跡の泥沼にはまり込んでいるところを急襲したといわれる。

は

■フィリッポス2世

マケドニアの王で、アレクサンドロス大王の父親（在位：紀元前359年～紀元前336年）。マケドニアの軍事制度を確立し、騎兵部隊から重装歩兵部隊へと変え、ファランクスと呼ばれる密集隊形を創設した。

■フルリ人

現在のシリアを中心に、紀元前1500年頃から栄えたミタンニ王国を築いた。戦争に戦車を取り入れたのはヒッタイトだが、フルリ人もまた、その功績者であった。また、メソポタミア地方に馬を持ち込んだのもフルリ人だったといわれることもある。ミタンニ王国は紀元前14世紀頃、その首都をヒッタイトに占領されて衰退した。

■ヘタイロイ

フィリッポス2世の時代のマケドニアで創設された、選り抜きの騎兵隊のこと。ヘタイロイとは「国王の友」という意味で、乗馬技術に長けていた貴族から選ばれた。ヘタイロイの制度は次代のアレクサンドロス大王の時代にも受け継がれ、紀元前334年のマケドニア軍にはヘタイロイ騎兵隊は14大隊（各隊約200人）ほどに編成されていたという。

■ペリシテ人

紀元前13世紀頃に古代カナン地方南部にやってきたと考えられている民族。当時のイスラエルの諸部族の主要な敵として、聖書にも登場する。

■ペルシア人

アッシリアの弱体後、ペルシア系のメディア人がバビロニアとともにメソポタミアで覇権を勝ち取った。紀元前5世紀中頃にはアケメネス朝ペルシアが支配権を奪い、大帝国を築いた。戦場を陸上だけでなく海上にまで広げたのはペルシア人であった。三段櫂船を発明したのはフェニキア人だったとされるが、三段櫂船を戦術のひとつとして採用し、世界で最初の大規模な海軍を組織したのは、海洋民族ではなかったペルシア人であった。

■ヘロドトス

紀元前5世紀のギリシアの歴史家で、世界最古といわれる歴史書『歴史』を著した。『歴史』には当時の戦争に関する記述もあり、ヘロドトスによると、紀元前6世紀のエジプトは三段櫂船で運河を通行していたとされる。また、古代ギリシアとアケメネス朝ペルシアとの戦いについては、詳細な記録を残している。

■墨子

紀元前5世紀頃、中国の思想家・墨子の考えなどを、墨子の弟子がまとめたといわれる本。5部構成になっていて、そのうちの第5部は城を守るための技術や築城技術について言及している。布幔や連挺、藉車などの兵器が登場する。

■ポロス王

アレクサンドロス大王と戦ったインドの王。身長2メートルを超える大男だったと伝えられる。歩兵3万、騎兵4000人、戦車300両、軍象200頭という大軍隊を擁してアレクサンドロス大王の軍隊と対峙した。しかし、アレクサンドロス大王軍の奇襲攻撃にパニックに陥ったポロス王軍は緒戦で敗走し、戦車120両をアレクサンドロスに奪われてしまった。さらにアレクサンドロス軍は弓兵や投石兵による長距離兵器を繰り出して攻め立て、ポロス王の軍象部隊も混乱し、敵の兵士と同じくらい多数の味方兵士を踏み殺したという。

ま

■ミュケナイ文明

紀元前15世紀中頃にギリシア本土で興った文明。ミケーネ文明ともいう。青銅器時代の代表的な文明で、組織だった軍隊を有していたとされる。ティリンスで見つかったフレスコ画にはミュケナイ文明時代の戦車が描かれており、それは重装備のヒッタイト型より軽装備のエジプト型に近い。紀元前12世紀中頃にミュケナイ文明は崩壊し、その後のギリシアは「暗黒時代」と呼ばれる時代に入り、ミュケナイ文明当時の軍事制度はいっさい忘れ去られ、文字を書く技術さえ失われたという。

■メギドの戦い

紀元前1458年に起こった、古代エジプトとメギド（現在のパレスチナ地方に起こった都市）との戦い。カデシュの戦い（紀元前1285年）とともに、青銅器時代を代表する戦争である。

や

■傭兵

報酬をもらって兵役につく職業軍人。古代世界では、戦闘の主役を担うのは傭兵であることも多く、彼らは弓兵や投石兵として活躍した。

ら

■ラガシュとウンマの戦い

紀元前2525年頃に勃発した都市国家同士の戦争。ラガシュの王は戦車に乗り、斧を手にしている。一方のシュメール系のウンマのほとんどは歩兵で、主要な戦闘部隊は歩兵だったことがわかる。

索引

あ

か

さ

た

な

は

ま

や

ら

参考文献

『武器と防具　西洋編』市川定春　新紀元社
『武器と防具　中国編』篠田耕一　新紀元社
『武器事典』市川定春　新紀元社
『武器屋』Truth In Fantasy 編集部　新紀元社
『図説　激闘ローマ戦記』学習研究社
『古代ローマ軍団百科』エイドリアン・ゴールズワーシー著、池田太郎・古畑正富訳　東洋書林
『カルタゴ戦争』テレンス・ワイズ著、桑原透訳　新紀元社
『秦始皇帝』学習研究社
『三国志　上下』学習研究社
『群雄三国志』学習研究社
『項羽と劉邦』学習研究社
『戦略戦術兵器事典』学習研究社
『中国の伝統武器』伯仲編著、中川友訳　マール社
『世界戦争事典』ジョージ・C・コーン著、鈴木主税訳　河出書房新社
『世界の大発明・発見・探検総解説』自由国民社
『戦争の起源』アーサー・フェリル著、鈴木主税・石原正毅訳　河出書房新社
『飛び道具の人類史』アルフレッド・W・クロスビー著、小沢千重子訳　紀伊國屋書店
『戦闘技術の歴史　古代編』創元社
『古代の武器・防具・戦術百科』マーティン・J・ドアティ著、野下祥子訳　原書房
『日本古代文化の探求　戦』大林太良　社会思想社
『日本古代文化の探求　船』大林太良　社会思想社
『ものと人間の文化史　船』須藤利一編　法政大学出版局
『「決戦」の世界史』ジェフリー・リーガン著、森本哲郎監修　原書房
『イスラム技術の歴史』平凡社
『技術の歴史』R・J・フォーブス著、田中実訳　岩波書店
『兵器と戦術の世界史』金子常規　原書房
『スパルタクスの蜂起』土井正興　青木書店
『人はなぜ戦うのか』松木武彦　講談社
『カルタゴ興亡史』松谷健二　白水社
『図鑑・兵法百科』大橋武夫　マネジメント社
『兵器考　古代篇』有坂鉊蔵　雄山閣
『武器』ダイヤグラムグループ編　マール社
『船の歴史事典』アティリオ・クカーリ、エンツォ・アンジェルッチ著、堀元美訳　原書房
『世界の戦史』新人物往来社
『兵器と文明』メアリー・カルドー著、芝生瑞輪・柴田郁子訳　技術と人間
『世界戦史99の謎』木村尚三郎　産報
『拷問と処刑の世界史』双葉社

F-Files No.035

図解　古代兵器

2012年3月30日　初版発行

著者　水野大樹（みずの ひろき）

編集　有限会社バウンド／新紀元社編集部

カバーイラスト　横井淳

図版・イラスト　福地貴子

DTP　株式会社明昌堂

発行者　藤原健二

発行所　株式会社新紀元社

〒160-0022　東京都新宿区新宿1-9-2-3F

TEL：03-5312-4481

FAX：03-5312-4482

http://www.shinkigensha.co.jp/

郵便振替　00110-4-27618

印刷・製本　株式会社リーブルテック

ISBN978-4-7753-0999-5